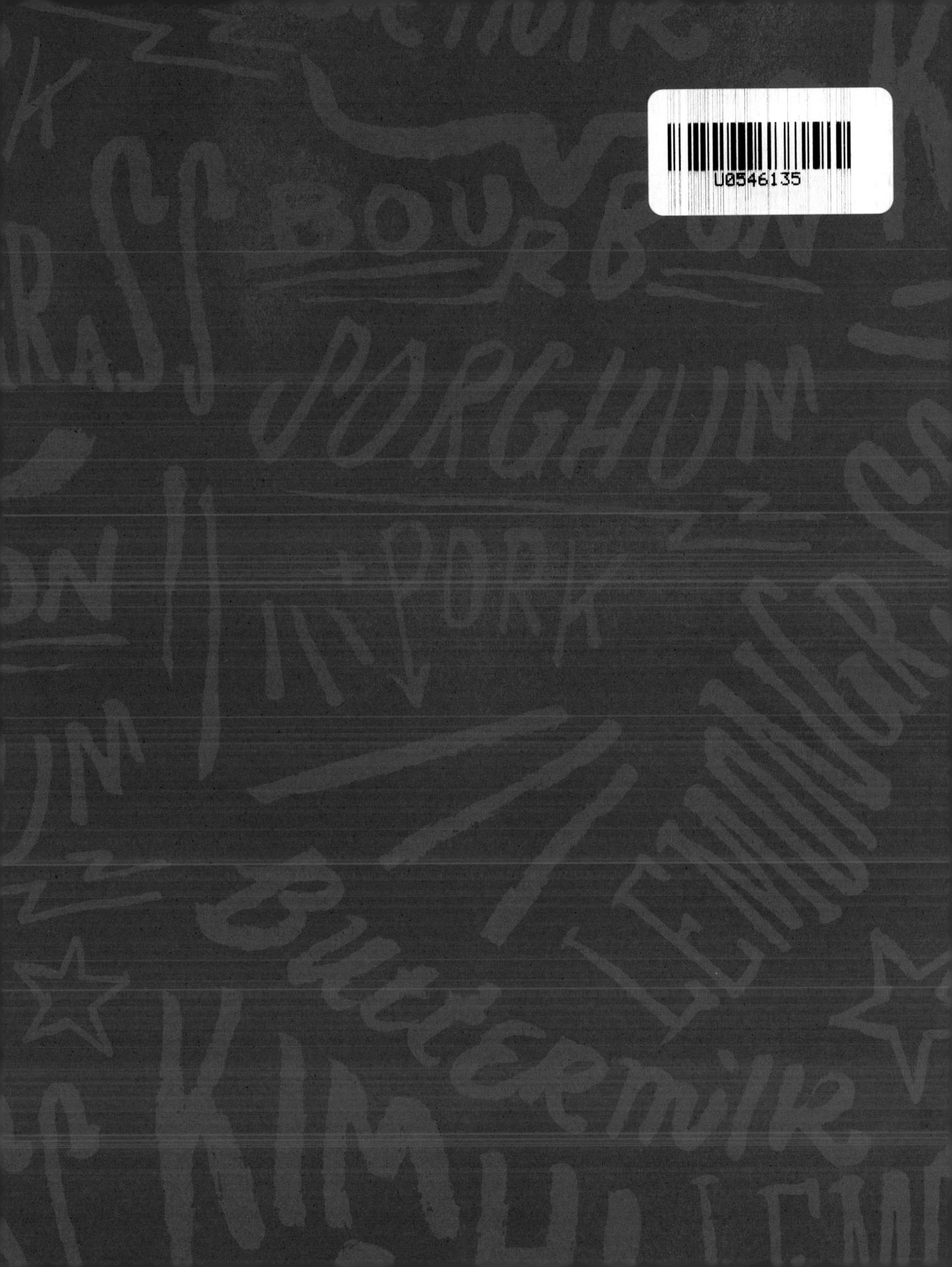

SMOKE & PICKLES

What I wok
Is Who I am

煙燻與醃漬

SMOKE & PICKLES

EDWARD LEE

愛德華·李 關於生活、食物的故事
與130道食譜

愛德華·李 Edward Lee／著　蔡惠民（Min）／譯

suncolor
三采文化

國家圖書館出版品預行編目資料

煙燻與醃漬：愛德華．李關於生活、食物的故事與 130 道食譜 / 愛德華．李 (Edward Lee) 著；蔡惠民譯．-- 初版．-- 臺北市：三采文化股份有限公司，2025.06
面； 公分．--（好日好食；70）
譯自：Smoke and pickles : recipes and stories from a new southern kitchen
ISBN 978-626-358-705-2(精裝)

1.CST: 食譜 2.CST: 飲食 3.CST: 文化 4.CST: 美國

427.12 114006281

suncolor 三采文化

好日好食 70

煙燻與醃漬

愛德華．李關於生活、食物的故事與 130 道食譜

作者｜愛德華．李 (Edward Lee)　譯者｜蔡惠民（Min）
編輯一部 總編輯｜郭玫禎　執行編輯｜陳柏昌　版權副理｜杜曉涵
美術主編｜藍秀婷　封面設計｜方曉君　內頁排版｜周惠敏
行銷協理｜張育珊　行銷企劃｜徐瑋謙、王思婕

發行人｜張輝明　總編輯長｜曾雅青　發行所｜三采文化股份有限公司
地址｜台北市內湖區瑞光路 513 巷 33 號 8 樓
傳訊｜TEL:8797-1234　FAX:8797-1688　網址｜www.suncolor.com.tw
郵政劃撥｜帳號：14319060　戶名：三采文化股份有限公司
本版發行｜2025 年 6 月 27 日　定價｜NT$1500

作者

愛德華．李　Edward Lee

肯塔基州路易維爾610 Magnolia和Nami餐廳的主廚兼老闆，也是華盛頓特區與馬里蘭州Succotash餐廳的廚藝總監，並因此獲得《米其林指南》（Michelin Guide）必比登推介（Bib Gourmand）。他是「賦權就業倡議」（LEE Initiative）的共同創辦人，這個非營利組織致力於推動餐飲業的多元與平等；他在華盛頓特區經營的非營利餐廳M.Frances，正是該組織整體使命的體現。李主廚於2021年榮獲「穆罕默德·阿里人道主義獎」（Muhammad Ali Humanitarian Award），並以《酪乳與塗鴉》獲得2019年詹姆斯·比爾德基金會獎（James Beard Foundation Award）。此外，他因擔任艾美獎獲獎PBS系列節目《大廚的異想世界》（The Mind of a Chef）主持人，獲得日間艾美獎提名。他還曾主持並編寫紀錄片《發酵》（Fermented）。

料理詩人～愛德華．李 三部曲：《酪乳與塗鴉》《煙燻與醃漬》《波本威士忌的美味情書》

譯者

蔡惠民（Min）

魔羯座。淡江大學大傳系畢。截至目前為止的人生，僅從事過雜誌編輯一全職，兼職無數雜誌特約作者。偶爾會為擁有不計其數的興趣感到困擾，曾用盡洪荒之力求專精未果，如今學習感恩日子因此從不無聊。

目前定居舊金山灣，生活泰半時間，右手拿筆，右手執鏟，不拿筆不執鏟時，要不鑽進後院荷鋤種菜，要不就在前往在地小而美農場及其路邊攤的路上。

著有《裸食：好食好日好味道》、《手作裸食》、《裸食廚房》及《裸食日常：不只是裸食，還有舊金山灣滋養我的這些那些》，譯有《KINFOLK餐桌：獻給生活中的每一場小聚會》《農夫主廚的餐桌》。

目錄

CONTENTS

自序 PREFACE

「你都煮些什麼菜？」

是我經常被問到的問題。可以簡答，也可以申論。前者很容易：我通常會用像「農場到餐桌」、「田野到餐叉」、「產地到嘴巴」、「在地全球化」、「新派亞洲」、「新派南方菜」、新派這個那個……標籤式的回答。也許還會秀幾張我家欣欣向榮的菜圃、編籃裡裝滿還沾泥帶土的蔬果的照片，或者過去幾年搜集起來祖傳蔬菜品種種籽。我會長篇大論地闡述表彰在地農場和新鮮至極的食材。

但最簡單的問題通常最難回答，因為在那些單純無害的字詞背後，潛藏著更為複雜的答案。這本書就是申論版的答案。

料理成就我是誰

我祖母天天下廚。她在我們家那個窄小無窗，僅有幾只鍋具、參差的鍋蓋、一兩個塑膠濾器，和一把仿冒Ginsu牌刀子的布魯克林廚房裡，做出移民美國前會的每道韓國菜。我祖母不曾質疑過自己的身分，不管是料理或其他面向。她是個思念著那片已被毀滅的故土的朝鮮寡婦。每天行禮如儀地下廚和閱讀聖經，是她和農業朝鮮最後的聯繫；那個崛起的巨型都會，如今已不再需要她了。她做的菜和那個身分緊緊相連，但是對大多數的我們來說，又何嘗不是如此？你能把波隆那肉醬和那隻義大利人習慣不斷攪拌熱鍋的手分開嗎？

有趣的是，祖母拒絕做「美國菜」。我家櫥櫃裡永遠備有花生醬和果醬，但是如果想吃花生醬果醬三明治，我得自己來。我不確定她是覺得被冒犯，還是以一種身為祖母的方式，形塑我符合身為韓裔美國人的飲食認同。但我的認同（危機）已迅雷不及掩耳地在我的語言（髒話）、衣服（破舊牛仔褲）、頭髮（又長又亂）展現出來，而食物也免不了，從一開始的花生醬果醬三明治，一路前進到肯塔基。

身為美國人最棒的不是與生俱來的認同，而是之後的重塑。我們被允許重新塑造成為自己想要的身分。小時候我常去朋友馬可斯家，大啖波多黎各大蕉配米飯佐蜂蜜和番茄醬。他家總是人聲鼎沸，收音機不斷放送（我們家可沒有那東西），我成為每餐飯都像開派對，成天歡樂度日的波多黎各家庭的一分子。樓下鄰居是猶太人，當我父母晚上必須工作時他們會照顧我。他家飯菜聞起來有醫院的味道，連家具和灰色虎斑貓也不例外。但他們會透過日常的所做所為傳達關愛，給予我對人生的諸多提醒，告訴我保有誠實和迴避麻煩的重要性。他們堅持要我多閱讀並學彈鋼琴。儼然像是父母般結合嚴厲與溫暖於一體。令我牢記在心的，不是煮過頭的四季豆，而是他們充滿療癒力的話語。萬一哪天我爸媽出了意外，相信他們絕對會接住我。而他們也確實這麼做了，以一種奇特的方式。

塗鴉是我的第一道料理

我就讀的國中，所有逃學的學生都沉迷於塗鴉，但大多數僅限在筆記本上亂塗亂畫，還沒人敢在牆上動手。倒是有位很神祕的同學，永遠就讀八年級，謠傳是塗鴉牆藝術家。他有著晦暗不明的背景，臉上留著感覺比我們大十多歲的人才有的鬍鬚。他抽菸、滿口髒話、蹺課，而且獨居。艾瑞克（且讓我這樣稱呼）卻是滿是廢柴的學校裡最酷的那一個。我們成為好哥兒們。

孩子總有成千上萬的理由破壞公共財，像要叛逆、闖出惡名、尋求關注或出於無聊。我想要也需要屬於自己的認同，而在那時候，有什麼比黑色連帽衫、背包裡裝滿開朗牌噴漆、三更半夜到處翻牆和攀爬建築物更酷呢？多數時候，我只是替艾瑞克把風，算是他的學徒。他教我許多技巧——用細噴漆畫出輪廓、粗噴漆上色，如何噴塗而不會四處滴流；也教我找到自己的風格，及如何在不被逮捕的情況下作業。隨著冷涼噴嘴的一筆一畫，在城市圍牆上留下一道道痕跡，我在夜晚變成了另一個人，是不法之徒、是自己心目中的傳奇，我什麼都是，但不是那個數學超強、籃球弱暴的無聊韓國小孩。

我們韓國祖先對醃漬的熱愛，
唯有美國南方人對酸黃瓜的癡狂，
能與之抗衡。

塗鴉最諷刺的一點在於，噴漆和紙捲油蠟筆的持久性，只持續到下個傢伙塗覆蓋過去那一刻為止。有人的標記可能有一個禮拜或一個晚上，甚至只有幾小時的壽命，但無可避免的，終將在另個人的新塗鴉下，化為回憶。而大多數街頭藝術創作者都一致同意，這是理所當然的事。塗鴉本來就不是永恆的存在。有多少人記得 L 線地鐵上的畫？或是 145 街的壁畫？生命裡最難留住的，是那些想要失去的事物。

離我的布魯克林童年已然遙遠的二十年後，我和我的副廚，在維吉尼亞州的奇爾浩威鎮約翰．席爾德（John Shield）的同名餐廳，陷入沉默及無盡思索。我們剛品嘗完一頓畢生難忘的餐點，內心渴望它能無限延長，長到超過我待在那裡所剩不多的幾小時。照片和推文根本無法呈現其美好。可這晚也終將成為回憶，迅速被下一頓盛宴所取代。

我追求無常

二〇〇三年搬到路易維爾。不管是個人或廚藝，我都需要透過菸草、波本威士忌、甜高粱、賽馬和鄉村火腿的視角，重塑自我認同。我第一次接觸酪乳時還把它扔了，後來才幡然領悟，之所以被使用，就是看中它的酸。而且，它喝起來根本和奶油八竿子打不著（註：酪乳英文為buttermilk，會令人誤以為和奶油有關）。隨著時日推移，從路易維爾甚至到美國南方，這土地一如接納領養的小孩般接受了我。我並不驚訝如此不費吹灰之力。我沒料到的是，竟然繞了一大圈，才重新發現自己是個不折不扣的韓國移民的小孩。那一切關於美國南方美好豐饒的傳統，將我推回祖母那充滿鮮辣蒜香食物的廚房裡：南方經典玉米粥讓我聯想到米粥；肉乾對比韓國乾魷魚；酸甜漬醬菜等同韓國泡菜。我們韓國祖先對醃漬物的熱愛，唯有美國南方人對酸黃瓜的癡狂，能與之抗衡。有著錯綜複雜醃製和刷醬技巧的燒烤菜，同是這兩地料理的骨幹。酪乳如今儼然像是我的味噌，是不可或缺的存在。從沙拉醬汁、醃製調味料到甜點，但都是做為讓其他食材發光的抬轎者。我在路易維爾找到我的烹飪風格。我發現這裡的文化，和我從小養成的截然不同，卻又感覺沒什麼兩樣。我學會自在地做自己，從手指律動中自然而然煮製料理。與此同時，我不斷被周圍的食物風味所震撼。這裡有源遠流長的歷史等待我去挖掘，隨著不斷地學習，我發現自己不僅變成立志想成為的廚師，也長成自己想要的模樣。

某天，一個住在路易維爾、以製肉乾維生的

傢伙，給我一則奇特食譜。與其說是食譜，不如說是生活宣言：取適量隔夜玉米麵包、一點甜高粱糖漿和一杯酪乳，放入果汁機裡攪打，倒入馬克杯慢慢享用。他言簡意賅地稱為「早餐」。這總讓我聯想到祖母的態度，和她對骨子裡的傳統所抱持的驕傲。她從來不需要多做解釋，她對自己的所作所為無比自在，一如我在塗鴉裡找到安慰一樣。

當年吸引我走向塗鴉的，和如今吸引我來到肯塔基這片土地的，是一樣的東西。那便是，從周遭的不完美提煉出符合美感的行為。既然離海洋遙遠，那就安於享用鯰魚；既然夏天又悶又熱，不如善用天氣，來熟成酒桶裡的波本威士忌；當花園被野薄荷攻占時，那我們就坐下來愉快地享用一杯午後薄荷酒。這就是我說塗鴉是我學習如何將料理視為藝術第一課的意思。塗鴉運動會在城市匯聚爆發，是因為許多微小的元素（地鐵、噴漆罐、嘻哈文化等等），繼而創造出讓一整個世代為之著迷的次文化。

多數藝術運動都是偶然的產物。我小時候不管去哪都隨處可見塗鴉。現在的我一想到食物，就忍不住想要以那些傑出的地下藝術家留下印記的方式對待。與其屈服於時空的因果關係，他們仍從扭曲的鋼鐵和混凝土中，角力出一種近乎不可能的優雅。如今，我看到作風大膽的調酒師，歌頌波本威士忌；我看到歷史學家，同時是鄉村火腿師傅；我看到廚師、農夫、玻璃工匠、木匠和藝術家齊聚一起，創造既獨特又難忘，且一如塗鴉般稍縱即逝的東西。

我不斷被周圍的食物風味所震撼。

來自布魯克林、有著韓國血統的小孩，能在路易維爾找到立足之地，證明這座城市、我們所處的時代及文化力量，超越了活在當下的我們的認知範圍。此時此刻，路易維爾正經歷著變動，整個美國南方，也在熱烈醞釀著某種難以預料的轉變。我總會看到一道道標榜全新大膽南方料理之大旗，而這些煥然一新的菜色攫取世人的關注，因為這不僅是南方料理的故事，更代表美國的認同。在做為一個專業廚師的短暫時間裡，我看見光環輪番聚焦在各種料理上，從法國、義大利、日本到西班牙，從新派、撫慰到分子料理。然而，此刻在美國南方發生的不是任何飲食風潮的一部分：它是一個向內而非對外審視、尋求靈感的料理運動。每一個推動著大家向前的創新，都攜著過去對某件事物的記憶並進。一如福克納（Foulkner，美國最具影響力的作家）的名言：「過去從未死去。它甚至從未成為過去。」

目前風起雲湧的南方料理變化，比較偏向態度，而非廚藝層面。以我朋友的早餐為例，美味但沒賣相，有排場卻用料儉省，放縱但簡單。但最重要的，它直線不彎繞，充滿構成精彩故事的嘲諷和矛盾。有人稱之為傳統——但那是個太過溫和無害的字眼。

我加進一大把燻煙和醃漬菜

每個人都有故事和食譜，應珍而視之，因為那是我們重塑的產物。食譜傳達出過去的我、現在的我和未來想要成為什麼樣的自己的訊息。而這也展現在全美國，不管是自家、餐廳、後院或鄉村園遊會或停車場的車尾派對上，所有優秀廚師端出的料理。我們正在重新定義如何種植、收成、命名以及糧食。我們的料理擁有豐富多樣性，這個因為缺乏更好的詞彙來表達、於是被稱為美國料理的菜色，也是透過永不間斷對重塑的追尋，才漸次輪廓分明。

我的故事是關於煙燻和醃漬。有些人認為，鮮味是除了鹹、甜、酸和苦之外的第五味，我會說煙燻是第六味。從童年時候滋滋作響的韓式烤肉，到滲透整個美國南方的BBQ燒烤，我活在

整個美國南方
正熱烈醞釀著某種難以預料的轉變。

食物被一層令人安心的燻煙包覆起來的環境裡。朋友覺得，死硬派紐約客如我，會搬到美國南方也太奇怪。但對我來說，憑的是直覺。煙燻就是我所處的兩個世界的交集。

它以各種形式存在。我可以添加從燒焦橡木桶內汲取烘烤香氣的波本威士忌、培根及煙燻鄉村火腿，或糖蜜和甜高粱糖漿、煙燻香料、黑啤酒、菸草，或在鑄鐵鍋裡炙黑的肉料，替各式菜餚增加煙燻味。而有煙燻菜餚就能搭配醃漬菜。醃漬，是鹽、糖，有時來點醋，再加上時間的比例變化而已。但就那麼幾個食材，便能製作出無窮盡，足以做為各式料理骨幹的醃漬蔬菜果物。在美國南方，醃漬菜和燒烤簡直形影不離，像陰與陽那般和諧。沒什麼比鮮酸漬物，更能有效緩和煙燻的強悍風味。如果讓我決定，每道菜都將始於煙燻物和漬菜，其他都將成為點綴。

就像我內心的韓裔布魯克林小孩套上了一件南方圍裙，在別人視為矛盾的地方，發現了兩者的連結。完全不像美國內戰前傳統南方食譜書裡會找到的食譜，我的食譜裡滿是煙燻味和醃漬菜，但這些文字，也同時反映了那些替我飼養動物、和我一起去獵野味，煮糖高粱、祈禱與吟唱，和釀月光酒的人。而我的食譜是在這樣的豐饒裡滋長出來的。它們屬於這裡，在這個獨特的地域和時空，別無他處，唯獨此刻。

WHAT I COOK

IS WHO I AM.

韓國迷信——
絕對不要把筷子垂直插在
白米飯上，那象徵死亡。

導言：米飯與雷莫拉蛋黃醬

INTRODUCTION: RICE & RÉMOULADE

讓我們從基礎開始

亞洲餐桌的基本禪——小時候那碗伴隨每頓餐食出現的米飯：熱騰騰、充滿嚼勁、自帶甜味且十足療癒。我知道人的記憶應該是從四、五歲開始，但我發誓只要閉上眼睛，就能重溫那一團溫熱軟糯米飯，被誘哄著放入我那尚未長牙的嘴巴時的安慰感。家裡完全無視每本寶寶養育指南提到的，「餵寶寶米飯可能讓他窒息」的警告。我們家代代勇健好鬥的家族，都是靠著以公斤計的軟糯白米養大的，我也不例外。

正是白米讓我強壯聰明，在數學、科學和歷史學科上表現優異；白米讓我眼睛銳利、牙齒齊整、指甲亮澤。如果我表現良好，就會得到一碗添上香辣豬肉同蒸的白飯；如果我太調皮，就會被威脅吃貓食當晚餐。哦，沒錯，就是那則亞洲移民為了省錢兼顧營養，吃貓糧配白飯淋醬油的都市傳說。

米飯宛如奇蹟的存在，被深深刻進我的腦海裡。每天，我家會讓象印電鍋安靜順服地煮一鍋飯。節慶時，祖母會丟些紅豆和栗子進去鍋裡，但除此之外，一切不變。偶爾我們仰賴甚深的電鍋罷工，祖母會用一只厚實大鍋，以傳統方式煮飯，但她討厭這作法，因為得一直站在爐台旁看顧著，否則底層米飯會黏在鍋底，然後在眨眼瞬間，從香酥變燒焦，特別容易出錯。電鍋每一次都能煮出一樣的成果：只要按照預先設定好的米水量執行，按鍵，二十分鐘回來，從不失誤的完美米飯就完成了。爐台上煮的米飯會有層次：上層你會得到蓋著薄薄米紙，輕盈鬆發的米飯，底部有酥脆鍋巴（一般習慣鬆軟米飯是晚餐吃的，再將熱麥茶倒進鍋裡，刮起底下的脆鍋巴，做為飯後甜點）。這作法變化莫測，每次煮出的米飯都不一樣。這個過程總會惹惱我祖母，彷彿會讓她想起一生的貧窮、混亂和戰爭。她喜歡現代電鍋的方便，一成不變有助她放鬆。

但是祖母一定心裡有數電鍋煮出來的米飯口感較遜。她有幾次不得不用大鍋子煮飯，我目睹她把鍋底的鍋巴刮起來。香酥鍋巴令人難以抗拒，那是不完美的喜悅。童年的爐灶米飯，無疑是介紹我的料理的最佳開場。兩種食材，半小時，加上對細節的講究。

即便從小就沉浸在餐餐米飯的小宇宙裡，我心知肚明，外面有一個更寬廣的世界。十二歲的我，渴望在那個叫曼哈頓的遙遠天堂才有的東西。我在書報攤像偷看《花花公子》一樣偷看《美饌》雜誌，渴望烤羊排和翻轉蘋果塔，一如我垂涎那些修圖的美麗裸女。我會悄聲唸出食譜，在家裡忍受著一碗又一碗的米飯和高麗菜時，滿腦子想的都是那些充滿異國情調，如杏桃乾和新鮮茴香之類的食材。

不完美的白米飯

RECIPE FOR AN IMPERFECT BOWL OF RICE

用此方法煮飯，是以在鍋底煮出薄薄一層鍋巴為目標。那酥香底層與上面鬆軟白米的反差，是極其奢華的組合。我用的是直徑約 10 英吋（25公分）鑄鐵平底煎鍋。你可以去找像韓國餐廳用的那種石鍋，但鑄鐵鍋完全可以勝任。趁煮飯的時候準備喜歡的添料，添料完成後，將熱米飯和鍋巴分裝到碗裡，即可上桌享用。可煮 4 大碗或 6 小碗米飯

食材

- 2杯亞洲長米
- 1小匙鹽

步驟

1 將米放進大碗裡，倒入 960 毫升冷水。用手以畫圓方式攪動米粒，直到水變混濁。以洗米篩過濾，將米粒倒回大碗裡，再次注入 960 毫升冷水。靜置浸泡至少 30 分鐘。

2 以洗米篩再次過濾，用力甩掉所有剩餘水分。將米倒進直徑約 10 英吋（25公分）的鑄鐵鍋。倒入 720 毫升冷水和鹽，攪拌一番。以中大火將水煮至微滾，再將火轉到最小，蓋上密合的鍋蓋，煮 18 分鐘。熄火，不掀蓋靜置 10 分鐘。

3 打開鍋蓋，以中火加熱，不攪拌，煮 3 至 5 分鐘，直到鍋底的米飯呈香酥金黃色澤。可以讓米飯留在鍋裡保溫，直到開飯盛碗上桌。

大概一直要到我三十好幾，加上搬到美國南方，才學會欣賞那碗謙遜米飯富含的複雜內涵。但別忘了，那時我才十二歲，止處於荷爾蒙暴衝、內心憤怒又叛逆的時期。我想大口吃鹿肉，痛快暢飲卡布奇諾。為了激起我父母的內疚，我不斷向他們埋怨，我的猶太朋友，都能舉辦一個他們稱之為成人禮（bar mitzvahs）的超酷十三歲生日派對，而我所能期待的，就只是打一下午電玩機台，和一個鯨魚造型的卡維爾冰淇淋蛋糕。我的韓國成人禮去哪裡了呢？如果我不能好好吃正餐，如何成為眾所尊敬的醫生？沒人會把我當一回事，至少在美國是如此，外出用餐可不是例行事務，而是一種運動。至於我的生日禮物，我父母打算送我去棒球夏令營，我痛恨棒球，我想成為的是「精緻餐飲」校隊的一員，我想去當時精緻餐飲的萬神殿「Sign of the Dove」用餐。苦苦哀求行不通，但錢會是比較有說服力的切入論點。在Sign of the Dove吃一頓飯比夏令營便宜，而且不可能要付出昂貴的受傷風險。事情就這麼拍板定案。我跟餐廳訂了位，和父母一起搭L線地鐵，去吃我此生第一頓豪華晚餐。

萬用百搭的完美雷莫拉蛋黃醬

MASTER RECIPE FOR PERFECT RÉMOULADE

千萬不要被一長串的食材嚇到了，唯一要做的只是把所有材料丟進一只碗裡，攪拌均勻而已。
這是個以一擋百的食譜，意思就是，一旦基礎打好，就可以隨心所欲地變化調味。
盡情地實驗吧！從漢堡到生鮮蔬菜，什麼都可以用這款醬搭餐。
可能的話，提前一天製作，隔夜的風味更加入味。大約可製作720毫升

食材

- 2顆大號雞蛋
- 300毫升美乃滋，推薦杜克牌或自製
- 1/3杯紅蔥頭碎
- 1/2杯醋漬秋葵，略切（如果買不到，可用酸黃瓜替代）
- 2顆蒜瓣，刨碎（可用Microplane刨器）或切碎
- 1大匙市售調味辣根
- 2小匙新鮮檸檬汁
- 2小匙新鮮龍蒿，切碎
- 1小匙新鮮扁葉巴西里，切碎
- 1又1/2小匙芥末籽醬
- 1小匙番茄醬
- 3/4小匙伍斯特辣醬
- 3/4小匙匈牙利甜紅椒粉
- 1/4小匙卡宴紅辣椒粉
- 3/4小匙猶太鹽
- 1/2小匙糖
- 1/2小匙現磨黑胡椒粉
- 1顆柳橙皮屑
- 1顆檸檬皮屑
- 少許塔巴斯科辣醬

步 驟

1 取一只小鍋，注水，放入雞蛋以中火加熱至滾沸，滾煮約4分鐘，撈出雞蛋，立即放入冰水裡冰鎮。撈出。

2 剝除溏心蛋的蛋殼，放入另一大攪拌盆裡，以打蛋器攪打，蛋黃依然是流動質地，如果結塊不滑順，不必太擔心。將其餘食材全數加入，用木匙拌勻，直到醬汁濃稠到能附著在湯匙背面，同時保持拿出攪拌盆可滴落的質地。倒進玻璃罐裡，放冰箱至少冷藏1小時才食用。這款蛋黃醬置可冷藏保存五天。

關於那頓飯，我記得三件事。一是我父親喝著蘇格蘭威士忌，抱怨菜怎麼上那麼久。我向他解釋，這麼做的用意是讓我們在上菜之間進行深度對話。那之後，他就再也不發一語。二是成套的餐具，每個麵包盤都有同樣的圖案，餐具不僅完全匹配，而且光亮、沉實且整齊。這簡直是完

REFRIGERATE AFTER
Duke
The Secret of

美無瑕，我將臉頰貼在桌巾上。要知道我家的每個盤子、玻璃杯和叉子，都是來自某個布魯克林跳蚤市場的折扣區。如果打破一只餐盤，會再去買顏色尺寸差不多的湊數。但這樣的不完美，並不完全出自於儉省，而是一種宣告。我們的家具也是拼湊的，衣服永遠不是太大就是太小，如果電視失焦，我們不會找人來修；讓眼睛適應模糊的影像，也是我們的責任。且容我這麼說吧！我渴望一些不同的什麼。

那天晚上，它以雷莫拉蛋黃醬的形式出現在我面前。我這輩子沒吃過像這樣的東西：腴滑、脆口，有點甜有點酸。我一邊吃乾舔淨，一邊想著：「天啊！這包裹住我舌頭的銷魂美味到底是什麼？」它強化了我一直以來，覺得另一邊的東西確實比較好的懷疑。我們吃美乃滋，白人吃的是雷莫拉蛋黃醬。到底我還錯過其他什麼奢侈美味？那些我甚至不知其存在，而別人卻視為理所當然的東西。之後好長一段時間的每個晚上，我都輾轉不成眠。小腦袋裡的某個皺褶裡，有個地方被觸動了，而我知道，我將終其一生追逐食物的誘惑。我從沒看過餐廳廚房或拿過廚師刀，但我知道我就是想這麼做。我也明白，這將會把父母幫我架構好的宇宙搞得天翻地覆，生活將變成一種，尋找米飯和雷莫拉蛋黃醬之間，以及體內重疊的兩種截然不同文化神奇交集的掙扎。一個既不在此地，也不在他方的地方，有缺陷卻令人嚮往。一個像廚房這樣的地方。

書裡的食譜說的既是故事，也是味道。讀過美國烹飪史後，我理解透過另一個文化視角看待料理這觀點並非獨一無二。《美國食物：美食的故事》（*American Food: The Gastronomic Story*）的作者伊文．瓊斯（Evan Jones）這麼描述：「自從第一批移民抵達後，從國外帶進新烹調手法並融入美國風格的模式，一直不斷演變發展。」因此，對我來說，塗上魚露，就跟用可口可樂做菜一樣自然。兩個世界都在舉手可及之處。

每個人都有故事和食譜。

本書大部分章節，都以一或兩則「拌飯」的食譜開場。它可以有無窮盡的變化。米飯對我來說，就像空白的畫布；決定放什麼樣的添料，某種程度透露出自己是個什麼樣的人。對我來說，一碗飯有字面上的意思，也是隱喻，它表達了我的料理風格；代表著一頓簡單日常的餐膳，但我用現代技法、世界性的風味、不尋常的搭配，注入生氣活力，基本上，就是我所學和持續在學的總和。而且沒加點類似雷莫拉蛋黃醬的東西在上頭，就少了完整性。你試過幾個我的創意後，一定能獲得啟發，請以你的人生旅程為本，做出屬於你的變化。這本書以口味清淡先出場，接著是比較複雜、口味較重的食譜。我也會適時提供，關於菜色和飲品配搭的建議，但歡迎盡情自由發揮。

我受不了融合（fusion）一詞，不單因為過時，更因為它意謂著一種餐飲種族主義，暗示來自東方文化的食物，是如此極端的不同，必須特別刻意地引入，或「融合」進西方美食裡，才能賦予正統性。在我餐廳的員工餐時間，所有廚房工作人員和服務生一起坐下來，用咖哩、墨西哥綠莎莎醬、醬油、塔巴斯科辣醬、美乃滋、日式照燒醬、融化奶油，和每間餐廳廚房都有的塑膠瓶「公雞醬（即是拉差辣醬）」來調味餐點，根本稀鬆平常。我覺得特別有趣的是，大家其實更喜歡這樣吃，但餐廳門一開，就恢復到提供那些備受傳統與各種限制束縛的美食，而那些現代口味的料理，完全不考慮年輕廚師能否接受。

如果那是日常的一部分，就應該在櫥櫃裡擁有一席之地——這是我不管在餐廳或家裡下廚時，試圖遵循的格言。如果我喜歡豬皮脆片和生鮪魚，那麼，我絕不允許不把它們送作堆。我的飲食詞彙廣泛，而且不斷在增生。此時此刻，我坐擁美國南方豐美物產的同時，也追本溯源到血脈源頭，及年輕時在紐約掌廚的經驗。那是我的故事，而這些是我的食譜。希望你喜歡。

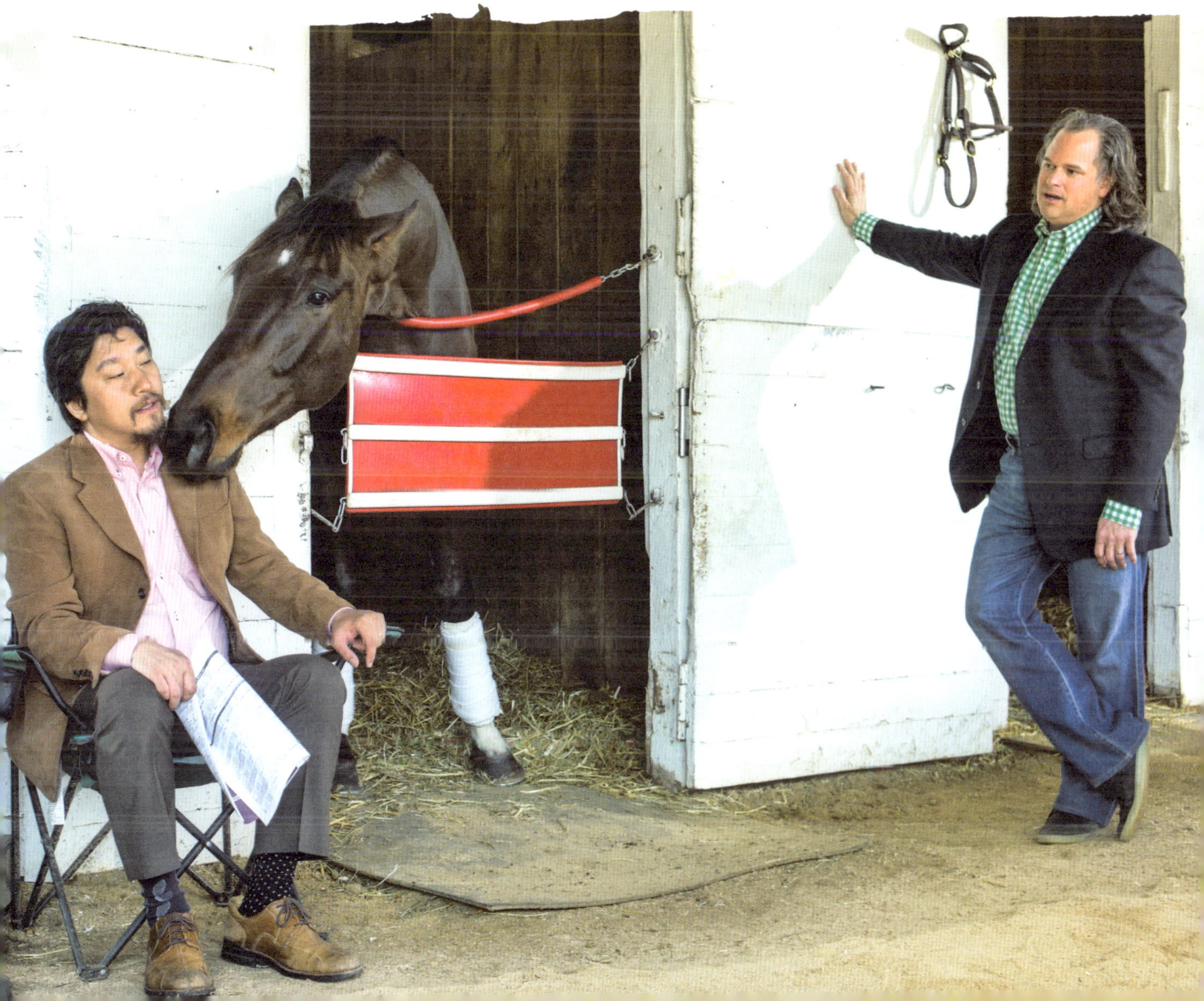

羊與口哨
LAMB & WHISTLES

韓國迷信——如果在夜晚吹口哨，蛇會爬進你家，並占據你的身體。

★★★

我和食物的關係通常經歷三階段

（1）作為回憶；（2）作為歷史；（3）作為食材。以羊肉為例，我對它的第一段記憶是和姊姊一起吃的。從小到大，我們從不吃羊肉。它在韓國料理裡，不是必要存在，對此我感到奇怪，因為羊肉和韓國調味料，簡直是天作之合。如果不是因為姊姊，我應該永遠不會想試它一試——她是比較喜歡冒險的那一個。

每逢週末，我和她會從洛克威大道搭地鐵到賓州車站，再走八個街區，到位在26街父母管理的成衣廠。我在衣架和塑膠衣套的線軸之間玩耍，在消防梯爬上爬下，午餐時間一到，媽媽會給我們一人十美元去買吃的。對於一整個禮拜都吃米飯和高麗菜的小孩來說，這真是天大的犒賞啊！我們會去買漢堡或熱狗，偶爾外帶中式料理回去。

我姊是個麻煩製造機。每次買午飯時，我們會慢慢靠近賓州車站，八〇年代的賓州車站，充斥著吸毒者、騙子和形形色色的罪犯。到處都在賣色情片，還有喝茫的醉漢。某個週六，我們從希臘小館，帶回兩個旋轉烤羊肉捲餅當午餐，把我媽嚇壞了，她痛恨羊肉。不僅訓斥我們一頓，並要我們保證絕不再去。她跟我們說，羊肉非常危險，又說羊肉很髒。但為時已晚，我已一試成主顧了。每週末的任務，變成偷渡烤羊肉捲餅回來當午餐。回想著姊姊是如何拉著我，穿越一群騙子、醉漢和妓女，去買烤羊肉捲餅，真的是相當感人。餐廳油膩膩的壁磚上，貼著一張邊緣磨損，吃著康諾斯出品希臘捲餅的美麗金髮女孩海報，那是我們一踏進餐廳門廊時，首先見到的。我姊姊會推開人群在吧台卡了個座位，點一份包進加倍分量烤肉、優格醬和辣醬的捲餅。我們一人一半，配著窗外黃色計程車海享用。然後，我們會帶幾片完全沒胃口吃的披薩回成衣廠。那是她的主意——她是頭腦機靈的那一個，不過那是她還沒變貪心之前。

在賓州車站的所有惡棍裡，最骯髒的莫過於「賭徒三張牌」老千攤商。他們只用三張牌：兩黑一紅；一個大紙箱充作桌子，兩個當誘餌的幫手，就可以做生意了。如果我們贏了，錢就會翻倍，不必分吃希臘捲餅，而且還有餘錢當做備用基金。我姊姊站在那兒，手緊抓著那兩張鈔票，盯著發牌莊家的手，看著那兩個幫騙的傢伙，贏得四十、六十美元的賭注。「盯住紅牌，別管黑牌」，怎麼可能有人會輸呢？玩家要做的，就是指向那張紅牌，等著莊家翻牌，然後領錢。他甚至沒怎麼洗牌，如此簡單，有點太過簡單了。紅牌在中間，肯定是在中間，我親眼看著它落在中間的。我轉向姊姊，用手指了一指，然後目送我們的午餐錢掉進紙箱裡：黑桃十攤開在大太陽之下。就這樣，我們滿臉震驚、身無分文，餓得前胸貼後背。但世界上所有眼淚，也買不到我們的午餐。我們編了一個故事，說差點被車撞到，導致午飯掉在馬路上，同樣是姊姊的主意。然後我們坐在裝著廉價洋裝的箱子上，默默地吃著米飯配高麗菜。

在那之後，我沒再吃羊肉。下一次再吃，是在法國。那時我已是廚師。某個夏天在法國度假，要前往安錫時，特別走鄉間小路，只為了能在馬克．維拉（Marc Veyrat）開的米其林三星餐廳用餐。我在里昂一家叫愛麗絲阿姨（Tante Alice）的古雅家庭小餐館找到工作，那是法國名廚皮耶．加尼葉（Pierre Gagnaire）年輕學藝養成的起點。酒吧後面的牆上，有一張他的照片，我喜歡這個故事。餐點不過不失，但毫無驚豔之處。廚師對練習英文比對做菜有興趣。兩個禮拜後，大概感受到我的無聊，他便派我去一家規模大一些、午餐和晚餐客流量數百人以上的小酒館。那是一個你得學會一次就搞定可內樂技法，挖出完美橄欖形食材的地方，且次次不失誤。那裡的廚子不太喜歡我，他們說我只是去學些小技巧，然後回美國用他們的食譜賤賣廚藝賺錢——他們慣用賣淫比喻一切事物。我的工作沒有報酬，但每隔幾天，廚師會給我一點零用錢買啤酒。我會把錢存起來，改以偷喝幾大口儲食櫃裡的溫熱茴香酒解癮。

我上工後的那個星期天，是我這輩子第一次探索里昂這個城市。這裡是法國美食的心臟，是博古斯（註：Paul Bocuse，法國料理之父）的家鄉，有全法國最棒的農夫市集，我還列了一張造訪地點清單。這是我可以看看這座城市的唯一機會，因為過幾天，我就得轉移陣地到馬賽的海鮮餐廳。我把週日的行程秀給廚師們看，他們拍手叫好——比花錢嫖妓好多了，他們這麼說。週六我上床睡覺時，心情激動得好像那晚是他媽的平安夜一樣。

如果你對里昂不陌生，那一定知道，當地的週日不會有商店營業：包括所有市集、烘焙店、酒鋪，和任何值得一嘗的餐廳。我走了幾個小時，手掌裡的行程表，慢慢被捏成皺巴巴的一團。這是廚師們眼中的絕佳笑料。最後，我信步走到一個看起來挺熱鬧的北非移民區，在一家菸草店排了半個小時的隊，就只為了想吸菸——我就是那麼不爽。當我找到可以填飽肚子的地方時，根本不介意那是一家摩洛哥小館，就是坐下來猛吃，吃了油炸摩洛哥小點、肉派，和一碗好吃到我差點沒從椅子上跌下來的羊肉湯。我抽著菸、喝著茶，聽著周遭以一種極度陌生而聽來如粉塵的異國語言，進行隱晦難解的爭論。回家稍微休息後又再度光臨，晚餐吃了羊肉塔吉鍋和更多的油炸摩洛哥小點，還有一款類似巴克拉瓦果仁酥餅但甜度更高的點心。那是我在法國吃過最棒的一餐，或許是因為餓炸了，也或許它的確就是最美味的餐點。那是北非歷史背景中的羊肉，那是他們世世代代傳承下來的羊肉料理。

那是他們的故事，我只是剛好有機會偷聽到。

隔天，廚師們以玩笑的語氣問我：休假過得如何？我叫他們滾一邊去。我提早一天前往馬賽，這樣就不必和他們告別。我一路到普羅旺斯，在貝爾福德里（Le Belvédère）工作一週，再到安錫維拉主廚的三星餐廳森林小屋（La Maison des Bois）用餐。我慢慢享用著晚餐犒賞自己，也確實吃得盡興開懷，但那比較像因為你知道代價有多高昂才覺得的那種享受。菜單上有羊肉，但我沒點，我選了乳鴿。

那之後，我烹調過無數次羊肉，不論是塔吉鍋燉肉或法式春蔬燉肉，但充其量都只是模仿。一直到我在奎格．羅傑斯（Craig Rogers）位在維吉妮亞州派崔克溫泉的農場上，和他消磨一天後，羊肉於我，才真正成為一個食材。奎格的羊肉和我之前所認為的任何野味，風味天差地別。甚至連我媽媽都喜歡。它是極度純淨的食材，我這麼說的意思是，它就是上天的禮贈。我第一次嘗到奎格的羊肉，滋味軟嫩清雅，帶著草本的清香，我完全迷住了，不禁開始在腦海裡想像，可與之配搭的其他風味。它變成不再是和乾燥香料混合後，在烤架上炙烤一番的羊絞肉。我是如此這般走了一條遠路，才學會烹製羊肉的。但有時候，我們就是得這樣一步步學會。

奎格示範了如何發出尖銳的口哨聲，然後我看到邊境牧羊犬，以軍事動作般的精準做出反應。這是牠們的原始本能在控制羊群，而羊群也樂於聽命。狗與綿羊之間這樣的關係有多久了呢？幾乎和馴化本身、人類初次在草原上定居、第一次吹出的口哨聲、初次的哄騙，一樣久遠了吧？想到整個農業的起始，很可能只是因為一個意外的口哨聲，就覺得很有趣。事實極有可能不是這樣發展，但想想還是挺好的。

這章節的食譜，都是用奎格的羊肉料理的，這些食譜簡單不花俏。建議從你家附近的農夫市集開始找起，挑選吃草的羊，不施打荷爾蒙、人道飼養、非圈養長大的。肉色比量產羊肉要淡色些，而且得是精瘦，聞起來清新乾淨。

好的烹調手法總是簡單的——不總是方便，但簡單就好。這是這許多年來我奉行的真言。哦，另一個則是：永遠別把午餐錢，押在騙人戲法上。

羊肉餅
佐噴香番茄
優格拌飯

米飯的好無極限，我想這個食譜就是明證。美式肉餅（meatloaf）極類似紐約希臘捲餅裡的旋轉烤肉，我小時候超愛那一味。但，這是一個比較優雅的版本，添入大量新鮮香草。乾燥香料就甭考慮了。就像傳統肉餅，我用長形烤盤烤羊肉，但追加一個步驟是：切厚片，再鍋煎到兩面酥香。4人份主食或6人份開胃菜

RICE BOWL WITH LAMB AND AROMATIC TOMATO-YOGURT GRAVY

食材

- 15盎司羊絞肉（450克，85%瘦肉）
- 1小匙切碎新鮮奧勒岡草
- 1小匙切碎新鮮馬郁蘭
- 1小匙切碎新鮮迷迭香
- 1又1/2小匙鹽
- 1/2小匙現磨黑胡椒粉
- 1/2小匙西班牙煙燻紅椒粉
- 1/2杯洋蔥丁
- 1顆蒜瓣，略切

步驟

1 取一中型碗，放入羊絞肉、新鮮香草、鹽、黑胡椒粉和西班牙煙燻紅椒粉，攪拌。

2 將洋蔥和蒜片放入食物調理機打成泥，倒入濾網過濾，盡可能擠出多餘汁液。將去汁的洋蔥蒜泥，揉進香草羊絞肉裡。放入冰箱冷藏約40分鐘。

3 以攝氏150度預熱烤箱。

4 冰箱取出羊絞肉，放入食物調理機，按暫停鍵間續攪打約1分鐘，或直到肉餡呈順滑的厚實質地。如果必須攪打超過1分鐘，可以丟冰塊進去，有助絞肉保持冰涼。將打好的絞肉，放入一只8×4英吋（約20×10公分）長形烤盤裡，整成中間稍微高起的長條形。

5 烤約35分鐘後，將溫度調高至160度，再烤10分鐘。以溫度計插入肉餅中心，測試內裡溫度，應該落在65至71度之間。如果還不到，放入烤箱續烤，每隔5分鐘測一次溫度。

6 將肉塊倒扣在盤子上，正面朝上，置於室溫放涼。

7 調製番茄優格淋醬：取一中型平底鍋，倒入橄欖油以中火加熱。放入洋蔥和孜然，炒約4至5分鐘，直到洋蔥甜軟。添入番茄、白葡萄酒、番茄泥、薑泥、蒜碎和月桂葉，加熱至微滾，煮約20分鐘。熄火，放涼醬汁，約5分鐘。

8 將優格、奶油、海鹽和黑胡椒粉放入醬汁裡，充分攪拌。挑起月桂葉，保溫醬汁直到準備盛盤。

9 將長條肉餅切成適度厚片。以大火加熱平底鍋，倒入約半公分深的玉米油。分批將肉餅排放入煎鍋，將第一面煎至香酥金黃，約4分鐘，翻面，再煎約1分鐘，起鍋置於紙巾吸去多餘油脂。

10 準備盛盤，米飯舀入飯碗裡後，再將肉餅排放於米飯上，淋醬汁，再撒上蔥綠。立即以湯匙享用——開動前最好先將所有食材攪拌均勻。

> 如果想來份經典紐約風希臘捲餅，將煎香的肉餅排，鋪在溫熱捲餅上，加些黃瓜優格醬、新鮮番茄碎、洋蔥絲，再大方地淋上辣醬，用鋁箔紙緊緊捲起來，以免汁液四溢。

番茄優格淋醬

- 1小匙橄欖油
- 1個洋蔥，切碎
- 1/2小匙孜然
- 4顆李子番茄，略切
- 120毫升乾白葡萄酒
- 1大匙番茄泥
- 1/2小匙新鮮薑泥（microplane刨器可代勞）
- 1顆蒜瓣，切碎
- 2片月桂葉
- 2大匙原味優格
- 1大匙無鹽奶油，室溫放軟
- 1/2小匙海鹽
- 1/4小匙現磨黑胡椒粉

- 玉米油，油煎用
- 4杯白飯（請看第16頁）
- 蔥綠，取自一把青蔥，細切

橙香羊肝抹醬佐煨煮芥末籽

我們總以為肝醬只用雞或鴨肝製作，那真是太可惜了。羊肝其實風味絕佳且營養十足。這個食譜裡的橙皮絲，為肝醬增添幽雅香氣。千萬別把羊肝煮過頭，而且一定要以濾布或細篩過濾肝醬，這個額外的工序，決定了肝醬的質地是粗礪還是絲緞般滑順。6人份開胃菜

ORANGE LAMB-LIVER PÂTÉ WITH BRAISED MUSTARD SEEDS

煨煮芥末籽

- 1/3杯黃色芥末籽
- 1/3杯棕色芥末籽
- 120毫升水
- 120毫升乾白葡萄酒
- 2大匙蘋果醋
- 2大匙糖
- 2大匙蜂蜜
- 2小匙第戎芥末醬
- 1小匙海鹽

肝醬

- 12盎司（360克）羊肝
- 2大匙無鹽奶油
  及2大匙室溫軟化無鹽奶油
- 1杯洋蔥丁
- 1顆蒜瓣，切碎
- 1大匙波本威士忌
- 1小匙雪莉酒醋
- 2小匙橙皮絲
- 120毫升重乳脂鮮奶油
- 2小匙第戎芥末醬
- 2小匙猶太鹽
- 1/4小匙現磨黑胡椒粉

- 香烤溫熱麵包，盛盤用
- 醋漬印度香料茶葡萄（請看第190頁）

步驟

1 煨煮芥末籽：將所有食材放入一小鍋裡，中火加熱至滾。轉小火後，微滾煮約18分鐘。倒入玻璃瓶，靜置放涼，放冰箱冷藏隔夜。

2 隔日，製作肝醬：將羊肝泡於裝冰水的容器裡，1至2小時。

3 濾出羊肝，略沖淨，以紙巾擦乾水分。羊肝切成2.5公分丁塊。

4 取12英吋（約30公分）平底鍋，大火加熱，放入2大匙無鹽奶油，加熱直到冒出小泡泡。加入洋蔥、蒜，炒約2分鐘。放入羊肝，略炒煮2分鐘，直到染上些許金黃色澤。轉小火，倒入波本威士忌和雪莉酒醋，煮至所有汁液揮發，約2至3分鐘。

5 將羊肝炒料倒進食物調理機，放進軟化奶油、橙皮絲、重乳脂鮮奶油、第戎芥末醬、鹽和黑胡椒粉，高速攪打約2分鐘，或直到滑順。看起來應該接近濃稠奶昔質地。

6 將羊肝泥醬倒入放有細濾網的大盆裡，以湯匙背面將羊肝泥用力推過篩，丟棄網上的固體殘渣。

7 將羊肝醬倒入六個90毫升的杯皿或小咖啡杯裡。放入冰箱冷藏至少3個小時（羊肝醬可以提前一天製作）。

8 盛盤時，舀些許煨煮芥末籽於羊肝醬上，和溫熱麵包和醋漬葡萄一起享用。

深濃醬色燉羊肩

慢燉羊肉會提引出藏於深層的味道，和巧克力、甜高粱等沉穩滋味，非常相得益彰。這樣的食譜選用鑄鐵荷蘭鍋（Dutch oven）效果極好，也可用任何帶密閉鍋蓋的厚實鍋具。買來的羊肩，可能前三根肋骨還相連著，但附加的骨頭會加持燉煮時的滋味；盛盤前挑掉即可。建議搭配軟糯玉米糊（請看第 225 頁）和紫紅高麗培根泡菜（請看第 178 頁）共食。6 人份主菜

DARKLY BRAISED LAMB SHOULDER

食材

- 1/4杯猶太鹽
- 2大匙現磨黑胡椒粉
- 1份羊肩肉（1.5公斤上下，請看右頁筆記）
- 2大匙芥花油
- 1杯洋蔥丁
- 1杯紅蘿蔔丁
- 1杯西洋芹丁
- 3顆蒜瓣，切碎
- 1杯白蘑菇，略切
- 1顆墨西哥青辣椒，略切（連籽）
- 120毫升波本威士忌
- 60毫升番茄醬
- 1大匙醬油
- 1大匙巴薩米克醋
- 3大匙甜高粱糖漿
- 60毫升黑豆鼓醬（請看右頁筆記）
- 1又1/2杯苦甜巧克力，切碎
- 約1.5公升雞高湯，或視情況調整分量

- 玉米糊或米飯，配食用

步驟

1 將鹽和黑胡椒放在小碗裡混勻。再將其均勻塗抹於羊肩的每一面，靜置室溫備用，至少 30 分鐘。

2 取一只大鑄鐵荷蘭鍋，中大火加熱芥花油，油夠熱之後，放入羊肩，煎至金黃，每面大約煎 3 分鐘。

3 再把所有蔬菜放入鑄鐵鍋，擺塞在羊肩周邊，讓蔬菜也能染上焦香。約 3 分鐘後，放入波本威士忌、番茄醬、醬油、巴薩米克醋、甜高粱糖漿、黑豆鼓醬、巧克力和雞高湯。醬湯該要完全淹過羊肩，如果不夠，再倒些高湯或水入鍋。以中大火加熱至微滾，撇掉表面的浮渣，轉小火，蓋上鍋蓋，文火慢燉 2.5 小時。

4 打開鍋蓋，續煮半小時。察看熟度：羊肩拿出燉鍋時，羊肉是不是處於可以輕易剝離骨頭，但又還不至於軟到分離的狀態？很好，大功告成。熄火，讓羊肩在鍋裡靜置約15分鐘（想要的話，也可以放涼後置冰箱冷藏，晚點享用前再加熱，事實上，第二天會更加美味）。

5 取出羊肩，置於砧板上。逆著肉的紋理切大片，或直接把肉大塊地從骨頭剝下。將肉置於熱米飯或玉米糊上。舀淋些蔬菜和燉汁，立即上桌享用。

如果買不到羊肩，2.5公斤上下的去骨烤羊腿肉亦適用，或是將烤羊腿切大塊也可。

黑豆鼓醬是一款以發酵黑豆製成的中式調味料，有時也會以綠豆製作。嘗來有點鹹、味道強烈，還有著微甜。直接食用味道恐怕太重，但若想讓湯和燉煮料理多點鮮味時，就非常美妙。大多數亞洲超市的醬料架上都找得到。

燉羊膝佐腰果淋醬

我一開始用羊頸做這道菜，那時很容易入手，有些牧農根本就是把羊頸隨意贈送。自從許多廚師們嘗到羊頸的滋味後，現在我得拜託奎格，請他把羊頸賣給我。你很可能不好買，所以我這裡用羊膝來取代，吃起來一樣銷魂，但容易入手。當然，如果在農夫市集真的找到羊頸，我鼓勵你試它一試。至於腰果淋醬，簡直萬用，從肉丸子到雞翅，道道都能摻一腳；而且拿來配烤白花椰菜也超讚。

夏天時，我會以香菜點綴這道菜，冬天則用石榴籽。餐酒來點角鯊頭帝國 IPA 精釀啤酒（Dogfish Head Imperial IPA），是很帶勁的搭配。4 人份主菜

SIMMERED LAMB SHANKS WITH CASHEW GRAVY

腰果淋醬

- 3大匙無鹽奶油
- 1又1/2杯生腰果
- 1杯洋蔥丁
- 2顆蒜瓣，切碎
- 2小匙鮮磨薑泥（microplane刨器可代勞）
- 1大匙葛拉姆瑪薩拉綜合香料
- 1又1/2小匙煙燻紅椒粉
- 1小匙孜然
- 1/4小匙薑黃粉
- 1/4小匙現磨黑胡椒粉
- 480毫升雞高湯
- 1罐360毫升（12盎司）拉格啤酒
- 240毫升無糖椰奶
- 1顆新鮮萊姆汁

步驟

1 製作淋醬：取一大平底鍋，以中大火加熱奶油，直到開始冒泡。放入腰果、洋蔥、蒜和薑，以木匙攪拌，翻炒約 4 分鐘，或直到腰果染上些許金黃色澤。加入香料，續炒約 2 分鐘，或直到鍋中食材呈稠糊狀。倒入雞高湯、啤酒、椰奶和萊姆汁煮至微滾，轉為中小火，續滾煮約 12 到 15 分鐘，直到腰果變鬆軟。熄火，靜置放涼約 5 分鐘。

2 將鍋裡的腰果糊倒入果汁機，高速攪打約 2 分鐘，直到平滑濃醬狀。如果太稠，加點水稀釋：看起來像花生醬嗎？不該像才是。繼續加水，直到醬汁能從果汁機裡穩定倒出。以鹽和黑胡椒調味。

3 接下來，煎羊膝：先以鹽和黑胡椒調味。取一只鑄鐵荷蘭鍋，倒入橄欖油，以中火加熱。放進羊膝，每一面輪流煎至金黃，約 6 分鐘。

4 轉小火，將腰果醬倒於羊膝上，蓋上能完全密閉的鍋蓋，燉煮約 2 小時，每隔 15 分鐘攪拌一下，確保腰果醬不燒焦（如果鍋蓋不夠密閉，可能得加點水進鍋裡，略稀釋腰果醬）。2 小時之後，應該骨肉能輕易分離了，如果有必要，就再多燉煮一會兒。

5 盛盤時，以羊膝配米飯，再豪邁地淋上醬汁。

食材

· 4份羊膝（一份約450公克）

· 1大匙猶太鹽

· 1又1/2小匙現磨黑胡椒粉

· 2大匙橄欖油

· 白米飯或印度香米飯，配食用

BBQ 燒烤風味手撕羊肉

這道 BBQ 燒烤羊肉，風味簡單，充滿煙燻及大地氣息。羊肉比豬肉精實少脂，所以不必太多甜味調味，這讓它成為我最鍾愛的燒烤元素——煙燻味的絕佳載體。你可以享用手撕羊肉沾溫熱肉汁的單純滋味，或是和葛縷子酸黃瓜與杜克美乃滋，製成迷你小漢堡；也可以將手撕羊肉與義大利豬油膏玉米麵包（請看第220頁）和炸酸黃瓜（請看第258頁）擺盤，就成野餐風格的午餐。6至8人份

PULLED LAMB BBQ

綜合香料醃粉

- 2大匙猶太鹽
- 1大匙現磨黑胡椒粉
- 1大匙黃芥末粉
- 1大匙煙燻紅椒粉
- 1大匙孜然粉
- 1大匙大蒜粉
- 1大匙紅糖
- 1小匙卡宴紅辣椒粉

- 1塊去骨羊肩（約1.5公斤）
- 1.2公升牛高湯
- 60毫升蘋果醋
- 1大匙醬油
- 1小匙塔巴斯科辣醬

如果沒有戶外烤架，可以直接省略燻烤步驟，將羊肩放在烤盤裡，入烤箱烘烤。將烘烤時間拉長到5小時。

步驟

1 製作香料醃粉：將所有食材放進小碗，混勻。香料粉完整塗抹在羊肩上，盡可能塗厚。放旁靜置至少1小時（若有剩餘香料，可存放在真空塑膠容器裡，冰箱冷藏可保鮮至少一到兩個月）。

2 啟動戶外烤架直到炙熱：放一些胡桃木屑進煙燻箱，木屑開始冒煙時，將羊肩放在烤架最低溫的位置，蓋上蓋子，燻製約1.5小時。時不時察看熱度：烤架不宜超過攝氏120度，但也必須夠熱讓木屑生煙。我一般會在察看溫度時，順便添一把木屑。這時候外層的香料醃粉差不多該形成漂亮的深色脆皮層。

3 於此同時，以150度預熱烤箱。

4 將羊肩移放到深烤盤上，倒入牛高湯、蘋果醋、醬油和塔巴斯科辣醬，稍微用鋁箔紙蓋著不封。放入烤箱，慢烤約3小時。最後成品應該極度柔軟，差不多骨肉分離的程度。

5 將羊肩取出烤盤（烤盤置旁備用）趁熱剝撕羊肉：用兩支叉子，或戴上免洗手套，用萬能雙手進行。

6 過濾烤盤裡充分吸取煙燻氣息的烤汁，充做蘸食醬汁。

自製低成本燻器

要做出最美味BBQ燒烤風味手撕羊肉，最好使用附帶煙燻功能的戶外烤架。需要耐心和一點練習才能上手，但關鍵就只是在羊肉沾染煙燻味的過程裡，保持恆常低溫即可。如果手上沒有適合的煙燻器材，有幾個方法，可以在廚房爐台上搭建臨時的替代爐。

搭建爐台版煙燻器，先要找個有密閉鍋蓋的大湯鍋，鍋底鋪上兩層鋁箔紙，上頭丟一把木屑，再鋪一層鋁箔紙。再找一個方形油炸籃，倒蓋在鍋子裡（有些油炸籃有把手，置入時會不平穩，請以鐵線鉗剪除）。將肉放在倒扣的炸籃上，蓋上鍋蓋。將湯鍋放在火爐上以大火加熱。5分鐘後，輕輕把鍋蓋開個小縫隙，應該會看到些許輕煙，顯示木屑已開始燃燒，如果沒有，蓋回鍋蓋，再等1分鐘，然後查看。一旦木屑開始冒煙，將火力轉小，用鋁箔紙沿著鍋蓋和鍋子貼合的邊緣，緊緊密封起來。像這種克難式的煙燻器，溫度會遠遠高過戶外烤架，所以可以將煙燻時間砍半。燻製完成的肉表面會形成香氣薄膜，就可以接續後面的食譜步驟，在烤箱裡慢烤烹製。

肉桂
蜂蜜
烤羊腿

許多印度食譜會用優格醃肉，幫助軟化肉質。酪乳具有同樣效果，也能很好地擔任香料中香氣的載體。大家都聽過酪乳炸雞，其實酪乳對於軟化各種包括羊肉和豬肉等肉類，也成果斐然。這則烤羊腿食譜，不需要太多香料助攻，肉桂和蜂蜜能周全地平衡風味。這是一道低調優雅，值得拿出上好瓷盤盛裝的菜色。不妨和烤蔬菜及咖哩玉米煎餅（請看第 221 頁）一起大塊盛盤，全家好好共享一番。6 到 8 人份（或 4 人份若有剩餘烤肉，隔天可製作三明治）

CINNAMON-HONEY ROAST LEG OF LAMB

醃料

- 720毫升酪乳
- 1又1/2杯洋蔥丁
- 1小段薑，去皮
- 2顆蒜瓣
- 2顆新鮮檸檬汁
- 2小匙孜然
- 2小匙葛縷子
- 2小匙茴香籽
- 2小匙海鹽
- 1/2小匙現磨黑胡椒粉

- 1份去骨羊腿（約2至2.5公斤）捲起來以烹飪用棉繩綁妥
- 2大匙橄欖油
- 2小匙海鹽

蜜汁

- 180毫升蜂蜜
- 2大匙新鮮柳橙汁
- 1/2小匙肉桂粉
- 1/4小匙海鹽

步驟

1 烹煮前一天先醃肉：將所有醃料食材放入果汁機，以中速攪打混勻。將羊腿放入約 4 公升容量的保鮮夾鍊袋內，再倒入所有醃料，然後密封（我通常會再多套一層膠塑袋，以防內層破損滲漏）。置冰箱冷藏，醃製隔夜。

2 隔日，以攝氏 160 度預熱烤箱。

3 將羊腿從夾鍊袋取出，丟棄醃汁，流理台以冷水徹底漂洗。擦乾羊腿，每一面都均勻塗抹橄欖油，撒上海鹽。放進烤盤，烘烤約 1 小時。

4 利用烤肉空檔製作蜜汁：將蜂蜜、柳橙汁、肉桂粉和海鹽放進碗裡，攪拌均勻。置旁備用。

5 羊腿在烤箱烘烤1個小時後，將溫度調高到 230 度，接著打開烤箱，不取出羊腿的前提下，在羊腿表層塗上厚厚蜜汁，續烤 15 到 20 分鐘，之後每隔 5 分鐘重複一次塗抹。確認熟度：以速測探針溫度計插入羊腿中心，如果落在 57 度，表示三分熟；如果落在 60 度，表示為五分熟。解開棉繩，讓羊腿在砧板上靜置 10 分鐘後，再切片盛盤。

印度薄餅
烤羊腿肉片捲
（或可使用剩餘烤羊腿肉片）

印度薄餅有無數種版本，這個食譜算是易做又美味的精簡版，靈感來自馬來西亞街頭的餐車。擀薄印度薄餅的技巧值得好好練習，愈薄口感愈酥香。用這款印度薄餅取代你最愛的三明治麵包，或者拿來搭配燉羊膝佐腰果淋醬（請看第32頁）。搭配暢飲阿比塔（Abita）牌的精釀啤酒Jockamo IPA再適合不過。可製 5 張印度烤餅

ROTI WITH SLICED LAMB LEG (OR , A RECIPE FOR USING LEFTOVER LAMB LEG ROAST)

印度烤餅

- 2杯中筋麵粉
- 1又1/2小匙鹽
- 1/2小匙糖
- 1/2小匙孜然粉
- 1/4小匙泡打粉
- 240毫升原味優格（請看下方筆記）
- 5小匙澄清奶油或印度酥油（請看右頁筆記）

每份三明治

- 1片剩餘的肉桂蜂蜜烤羊腿大薄片（請看第37頁）
- 小黃瓜、烤紅椒和酪梨切片熟蘆筍切段，適量
- 1匙隨意分量原味優格
- 些許辣醬德州彼得（Texas Pete）為我的最愛

步 驟

1 製作印度烤餅：取一中碗，放入烤餅食材乾的調味料，拌勻。倒入優格，用手攪拌直到成團。移放到薄撒手粉的工作枱面，推揉 2 分鐘。將麵團分成 5 等分，擀成約 0.3 公分厚的圓片。

2 取一大煎鍋，中大火加熱澄清奶油，每張烤餅約需1小匙，放入擀好的餅皮，將一面煎至酥，約 2 分鐘；翻面，同樣煎到酥香，約 2 分鐘。取出烤餅，置於鋪紙巾的盤子上。可立即盛盤，或放入溫熱烤箱保溫，直到準備開動。

3 製作三明治：將羊腿肉放入以攝氏 150 度預熱的烤箱復熱，約 5 分鐘。將羊肉片鋪在烤餅上，放幾片小黃瓜、烤紅椒片和酪梨片，淋上些許優格和辣醬，緊緊捲成圓柱形。如果想看起來更精緻些，可用牛皮紙包裹，底部向上折起，避免汁液流到手上。

請用一般原味優格製作印度烤餅，濃稠的希臘優格不適用（水分不足）。

澄清奶油／印度酥油／無水奶油

澄清奶油（clarified butter）是將奶油中的乳固形物和水分，分離或「澄清」，留下澄澈的乳脂。印度料理中叫做酥油（ghee），在海鮮餐廳，叫做無水奶油（drawn butter），其實指的都是同樣的東西。你可以在講究的食材店找到澄清奶油，也可以在印度超市裡找到瓶裝酥油，甚至可以自行製作。把幾條奶油放入小鍋裡慢慢加熱，奶油會分解成三層，上層看起來像泡沫的是乳清蛋白，用湯匙舀掉即可，而乳固形物會下沉到鍋底，中間金黃澄清的液體，就是澄清奶油。慢慢將鍋中物，小心地倒進鋪著乳酪濾布的梅森玻璃瓶或任何容器裡，千萬別把底層的乳固形物倒進去了。用澄清奶油烹調有許多優勢，譬如加熱到高溫不起煙，烹調時自帶能滲透至食物裡的堅果香氣，而且冷藏可保存數個禮拜。

越南羊排

這道菜是我在法國時，從經常往來的一位越南廚師那裡學來的。我超愛這帶有諷刺意味的經歷：這是我離開待了四個月的法國時，帶回來的私愛食譜之一，是一位越南廚子用被丟進廚餘桶的羊碎肉，做出來的一道簡單菜餚，美味到令人難以置信。有時，他會等個幾天，累積到足夠做一大份才動手。我猜那些醃料，應該能抑制壞菌滋生——我微調了食譜，所以你不必使用變質的肉料來製作。4 人份

VIETNAMESE LAMB CHOPS

食材

- 8份羊排，約2到3公分厚

醃料

- 120毫升蜂蜜
- 120毫升魚露
- 60毫升葡萄籽油
- 60毫升波本威士忌
- 3大匙醬油
- 2大匙蒜碎（約6顆蒜瓣）
- 1大匙香菜籽粉
- 1大匙現磨白胡椒粉
- 2小匙新鮮萊姆汁

盤飾

- 香菜碎
- 萊姆切片
- 紅蔥頭酥（請看右頁）
- 毛豆鷹嘴豆泥（請看第199頁）

步驟

1 將羊排放進玻璃烤盤上。

2 製作醃料：將所有材料放進中碗裡，攪拌直到均勻混合。將醃料倒在羊排上，輕輕揉按讓醃料滲進羊肉裡。蓋上蓋子，冷藏至少4小時，或長及隔夜。

3 從冰箱取出羊排，靜置退冰至室溫。烤箱以攝氏220度預熱。

4 將羊排連同醃料移放到另個烤盤。入烤箱，不加蓋，烘烤約15分鐘，或直到表層烤汁亮澤，稍微焦糖化。翻面續烤5分鐘。

5 以香菜末、萊姆片和紅蔥頭酥裝飾，與毛豆鷹嘴豆泥一起盛盤。

酥炸紅蔥頭

約可製作 3 杯

食材

・5大顆紅蔥頭

・1又1/2小匙鹽

・480毫升玉米油或花生油

步驟

1 紅蔥頭切絲，愈細愈好（如果有的話，可用曼陀林切片機代勞，或一把鋒利的廚師刀）。將紅蔥頭絲放進濾盆裡，以冷水沖 1 分鐘，去掉切絲時殘留的苦汁。甩淨水分，移放到廚房紙巾上，撒鹽，靜置約 10 分鐘。

2 用乾淨的廚房紙巾蓋住紅蔥頭絲，盡可能擠掉汁水，放到盤子上，用手將紅蔥頭絲分開。

3 取大煎鍋或中式炒鍋，將油加熱至約攝氏 180 度，油炸紅蔥頭絲，約 5 分鐘，時不時攪動，直到紅蔥頭絲金黃酥脆。用濾勺或撈網將紅蔥頭絲撈起，並放在鋪了數張廚房紙巾的大盤子上。靜置時，紅蔥頭絲還是會持續因餘溫而加深顏色及酥脆度。

4 炸紅蔥酥最好現做現用，但也可以裝入一個鋪有紙巾的密封容器，室溫保存。

韓式
燒烤羊心
生菜捲

我從奎格．羅傑斯那裡得到不少好料：羊內臟、羊腎、羊睪丸……等，但我最愛的內臟是羊心。若能烹調得當，羊心多汁甜美又柔軟——完全是心臟嘗起來該有的絕佳滋味。不過，卡路里極高，所以我偏好用小葉生菜包起來，甜辣滋味完美平衡。訣竅是烹煮半熟即可，不然會變得又硬又韌。

除非他們開口問，否則別告訴你的客人，那些可口的小東西是啥。如果想要進一步加深印象，就搭一杯普羅塞克（Prosecco）粉紅氣泡酒。6 人份開胃菜

GRILLED LAMB HEART KALBI IN LETTUCE WRAPS

醃料

- 3/4杯洋蔥碎
- 180毫升醬油
- 60毫升麻油
- 2大匙白砂糖
- 2大匙紅糖
- 2大匙味醂
- 3顆蒜瓣
- 1小段薑，去皮切片
- 1大匙煸香芝麻
- 1又1/2小匙紅辣椒碎

- 6顆羊心

步驟

1 製作醃料：將芝麻和紅辣椒碎以外的所有食材，放入果汁機，高速攪打約 1 分鐘。倒入中型玻璃碗，拌入芝麻和紅辣椒碎。

2 清洗處理羊心：切除部分羊心表面的脂肪，剖半，切面朝上置於砧板，修剪羊心部分靜脈和動脈血管。以冷水沖洗乾淨，放入醃料盆，放入冰箱醃製 30 分鐘。

3 此時，製作泡菜泥：將泡菜、煙燻辣椒、麻油和檸檬汁放進果汁機，高速攪打 2 分鐘，或直到呈現濃稠泥狀。倒入碗裡，加蓋，放入冰箱冷藏備用。

4 將羊心取出醃料碗，以紙巾擦乾。取鑄鐵煎鍋 ，以大火加熱，倒進 1 大匙玉米油，小心地將一半的羊心放入煎鍋裡，快速煎炙，每一面各約 1 分鐘，直到外層變深並焦糖化，但內裡仍然生嫩，取出。加熱剩餘油脂，同樣方式處理另一半羊心。

5 製作生菜捲：將一份羊心放於蘿蔓生菜葉上，舀一匙泡菜泥，飾以墨西哥青辣椒片和香菜。立即開吃。

> 如果你還沒準備好要烹調羊心，別太沮喪，這個食譜可用薄切羊里肌，或者再傳統一點，片薄的牛小排也都很理想。大約以12盎司（360克）的羊里肌或牛小排取代羊心即可。

泡菜泥

- 480克紫紅高麗培根泡菜（請看第178頁）
- 1罐120毫升（4盎司）墨西哥阿多波醬煙燻辣椒（chipotle peppers in adobo sauce）
- 60毫升麻油
- 1小匙新鮮檸檬汁

- 2大匙玉米油
- 12片蘿蔓生菜葉，取靠近菜心部分
- 12片墨西哥青辣椒片，裝飾用
- 香菜切碎，裝飾用

羊培根

羊肉在烹調上有個優勢是，羊的體格尺寸適中，適合想嘗試「從頭吃到尾」的人。在自家廚房裡分解切割一頭140公斤的豬隻幾乎不太可能。但處理一頭大約25公斤左右的羊，倒是不無可能。羊培根是初試醃肉的絕佳入門食譜，而且成果極好。6人份

LAMB BACON

食材

- 1杯鹽
- 1/2杯糖
- 900克羊腹肉（羊五花，大約2片）
- 1把新鮮迷迭香

- 胡桃木屑，浸泡於溫水

一次不妨做大份一點，冷凍一部分，放一個月沒問題。

步驟

1 將鹽和糖放入碗裡。剪除羊腹肉上一些零散鬆垂的脂肪和腱膜，將鹽和糖均勻地塗抹每一面。將羊腹肉帶皮面朝下疊放淺盤裡，層層之間放進些許迷迭香。最上層同樣灑上鹽和糖，再放上幾支迷迭香。放入冰箱後方，不密封冷藏兩天；羊腹肉會釋出水分，吸收鹽分。

2 兩天後，從醃料中取出羊腹肉，丟棄迷迭香。水龍頭下以冷水沖淨，然後將羊腹肉移放到另一個大容器裡，以冷水浸泡2小時。

3 點燃炭烤架。將羊腹肉從冷水桶裡取出，以紙巾擦乾。

4 將泡濕的木屑放在炭火上，放入兩把應該足夠，一旦木屑起煙，將炭烤架放在木屑上，上頭再撒一把濕木屑，將羊腹肉的皮面朝下放在濕木屑上。如此可避免羊腹肉直接在熱金屬烤架上炙烤起來。蓋上燒烤爐蓋子，燻製羊腹肉約2到3個小時。留意監控溫度，保持在攝氏71到93度之間，必要時再添些濕木屑到熱炭上。當羊腹肉略顯焦黑時，即大功告成。風味會帶著低調煙燻香氣，剛咬下時，肉質會有些許韌性，但最終會融化在唇齒之間。

5 分切培根之前，先放入冰箱冷藏，任何用豬培根的菜色，都可以羊培根取代。儲存保鮮的話，將每一塊羊腹肉以保鮮膜包妥，放冷藏可存放一週，冷凍可存放一個月。

1. 將鹽和糖均勻地塗抹在羊腹肉每一面。

2. 將羊腹肉放在淺烤盤上。

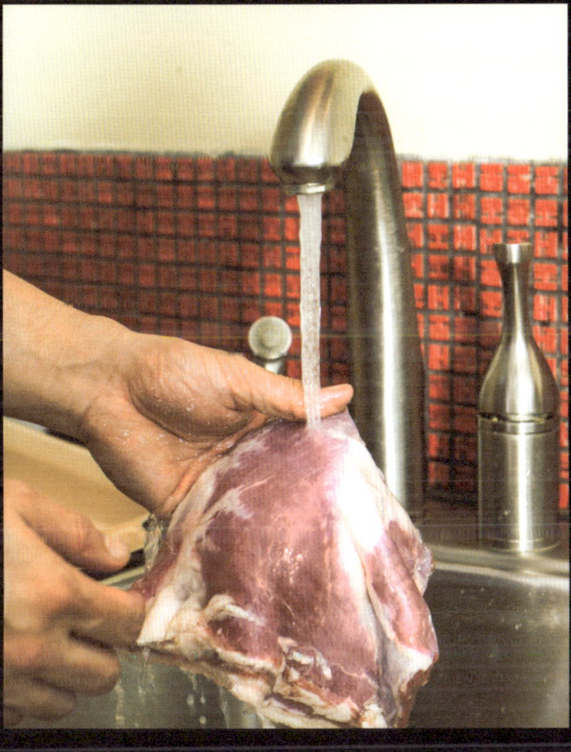
3. 以水龍頭冷水沖淨。

4. 皮面朝下進行燻製。

菠菜沙拉
佐香料胡桃
羊培根
克萊姆森藍黴乳酪及波本油醋汁

羊培根是豬培根的優雅變奏，其細膩口感特別需要搭配風味細緻的沙拉，譬如我這裡介紹的，保證加倍合拍。如果不想把羊培根放進沙拉裡，我也不太建議和素樸的早餐蛋料理搭檔，除非是撒上朗卡爾乳酪和香葉芹的烤蛋。噢！那樣搭配挺不錯呢，但請先試試這道沙拉。4 人份

SPINACH SALAD WITH SPICED PECANS, LAMB BACON, CLEMSON BLUE CHEESE, AND BOURBON VINAIGRETTE

波本油醋汁

- 60毫升波本威士忌
- 180毫升橄欖油
- 2大匙蘋果醋
- 1大匙楓糖漿
- 1/4小匙海鹽
- 1/2小匙鮮磨黑胡椒粉

沙拉

- 8盎司（240克）羊培根（請見第44頁）切小丁
- 240克菠菜
- 1/2杯胡桃
- 1顆青蘋果，去核，切成火柴棒細條狀
- 1根早餐櫻桃蘿蔔，切薄圓片
- 120克克萊姆森藍黴菌乳酪或其他風味溫和的手工藍黴乳酪剝小塊

步驟

1 製作油醋汁：先將波本威士忌倒進小鍋裡，中火加熱到滾。請小心，波本裡的酒精很容易起燃著火，如果發生這種情況，只要蓋上能緊密貼合鍋緣的蓋子，沒有足夠的氧氣，火就自然熄滅。片刻後再打開鍋蓋，持續滾煮，直到鍋內剩下約 2 大匙的液體。將波本倒入小烤盅裡，放入冰箱冰藏至涼。

2 將橄欖油、醋、楓糖漿、鹽和黑胡椒放入另一只小碗裡，將波本濃縮汁攪打混入，放冰箱冷藏。使用前取出退冰至室溫。

3 製作沙拉：將羊培根丁放進小煎鍋，以中小火煎煮，不斷拌炒，直到外層香酥，約 5 到 6 分鐘。移放紙巾上，吸去煎炒培根釋出的些許油脂。

4 將剩下的沙拉材料，放進大碗裡，加入羊培根，和波本油醋汁稍混拌，立即盛盤享用。

冬天時，我會以羽衣甘藍取代菠菜，然後稍微加熱油醋汁。

咖哩
羊肉生火腿

這是個極具野心的食譜。需要額外一台冰箱助陣（請看〈醃製〉一文，第 52 頁）。將冰箱最上層之外的層架全部取出，保留最上層吊掛羊腿，將溫度調到最高，一般在攝氏 3 到 4 度之間。如此一來，就有存放一些羊腿的空間。

我偏好醃製羊肉勝於豬肉，因為不需花太長時間。醃製豬肉生火腿得等上 18 個月，所謂「延遲滿足」莫過於此。但是羊肉生火腿只要區區 66 天就能完成。當你在客人面前，進行桌邊羊肉生火腿切片服務時，看起來簡直像個醃肉大神。不需要咖哩香料糊也能製作生火腿，但咖哩會為其增添一層誘人至極的香氣。你絕對會對咖哩被馴化之後的最終氣味，感到無比驚訝，此物單吃，或添入下則沙拉食譜裡都很棒。我家大概夠吃一個月，但也得看食用頻率，有可能兩個禮拜就完食。可製作一隻羊肉生火腿

CURRIED LAMB PROSCIUTTO

食材

- 1隻帶骨羊腿，約2.5公斤

第一醃

- 1杯猶太鹽
- 1/2杯糖
- 1/2杯現磨黑胡椒粉

第二醃

- 1杯猶太鹽
- 1/2杯糖
- 咖哩香料糊（食譜在右頁）

步驟

1 剪除羊腿上一些零散鬆垂的脂肪和腱膜。將第一醃裡的鹽、糖和黑胡椒放進碗裡。找個能容納整隻羊腿的桶器，放入羊腿，將第一醃的醃料，均勻塗抹在整隻羊腿上，塗抹時，最好戴上拋棄式手套。舀起掉落桶底的醃料，再塗抹於羊腿上。以保鮮膜封住桶口，將其存放在常用冰箱深處 18 天，每隔兩天左右，翻一次面。

2 18 天之後，把羊腿從桶子裡取出，以水龍頭冷水沖洗 10 分鐘。將第二醃食材放在碗裡混勻，和第一次一樣，將醃料塗抹在整隻羊腿上（戴上拋棄式手套）。接著把咖哩香料糊，抹在整隻羊腿最表面，用保鮮膜封住桶口，存放在常用冰箱深處8天。

3 8 天之後，從桶子裡取出羊腿，以水龍頭冷水沖洗 10 分鐘。將羊腿移放至另個乾淨大桶子裡，注滿冷水。讓羊腿浸泡在冷水中 1 小時。

4 把羊腿從冷水裡取出，以紙巾擦乾。這時，羊腿已醃製完成，但必須在冷涼乾爽通風的環境裡吊掛風乾。以麻繩綁好，吊掛在醃製冰箱上層掛架，肥腴端朝下，至少40天。

5 40天之後，羊肉生火腿即風乾完成，可切割享用。要再熟成30天也行，或是切成大塊，冷凍起來。將剩餘部分置冰箱冷藏，可保存兩個禮拜。

切割醃製肉品本身就是藝術，言簡意賅地說，就是切愈薄愈好。

咖哩香料糊 可製作約1杯

食材

- 4顆蒜瓣
- 1小段薑，去皮切片
- 60毫升芥花油或其他味道單純的油
- 3大匙無糖椰奶
- 2大匙番茄泥
- 2大匙醬油
- 1小匙海鹽
- 1小匙糖
- 1小匙卡宴紅辣椒粉
- 1小匙葛拉姆瑪薩拉綜合香料粉
- 1小匙孜然粉
- 1小匙香菜籽粉
- 1/2小匙薑黃粉
- 1/2小匙現磨黑胡椒粉

步驟

將所有食材放入果汁機或食物調理機，攪打至泥糊狀。可以提前製作，放入密封保鮮器皿裡，放冰箱約可保鮮一個月。

咖哩羊肉生火腿沙拉

茴香是鹹度高的咖哩羊肉生火腿的絕佳拍檔。這則食譜裡的茴香讓沙拉明亮起來，而杏桃乾賜予甜味層次。但你也可以自行變化出創意組合，譬如使用新鮮無花果、阿爾薩斯的洗皮乳酪，或是醋漬西瓜皮。然後，不妨來點清爽的白皮諾（Pinot Blanc），搭配享用這道沙拉。4 人份

SALAD OF CURRIED LAMB PROSCIUTTO
WITH DRIED APRICOTS, PINE NUTS, FENNEL, AND TARRAGON VINAIGRETTE

油醋汁

- 3大匙切碎的新鮮龍蒿葉
- 1小匙蒜碎
- 1大匙第戎芥末醬
- 1/2小匙猶太鹽
- 1/4小匙現磨黑胡椒粉
- 3大匙米醋
- 6大匙初榨橄欖油

- 1棵大茴香頭，去掉葉莖
- 1/2小匙猶太鹽
- 8至10片咖哩羊肉生火腿（請看第48頁）
- 4顆杏桃乾，薄切
- 1/4杯烤松子

步驟

1 製作油醋汁：將所有油醋汁食材放入碗裡，攪打至乳化。可以提前製作，盛裝在玻璃瓶裡，置冰箱冷藏，可保存一週。

2 製作沙拉：用曼陀林蔬菜切片器，將茴香頭盡可能地片薄，放進大碗裡，入鹽，輕柔混拌，置室溫約 15 分鐘，使其稍軟化。

3 以適量油醋汁混拌軟化的茴香薄片。

4 將羊肉生火腿片鋪排於盤上，上頭放茴香薄片，再撒上杏桃乾和松子。淋剩餘的油醋汁。

醃製

我從來不知道該如何解釋，為何對醃製過程如此地熱愛。我經營的餐廳裡，經常醃製著各式各樣的肉品，從鄉村火腿到鴨胸，我們甚至連海膽都拿來醃製。醃製是我所知道最有成就感的料理手法，因為得花最久的時間完成。我總試圖教我的客人如何製作。通常會這麼開場：「真的很簡單，如果原始人會做，你肯定也沒問題。說到底，就只是鹽和糖而已。」接著，我會繼續延伸講解鹽水溶液和天然發酵，及食物保存哲學，接著我就會注意到，他們開始放空了。然而對我來說，廚師最大的天賦，就是擁有把複雜的過程，精簡提煉為任何人都能理解的幾個簡單步驟的能力。沒錯，醃製肉品和義大利風乾香腸（salami）的崇高藝術，有無窮盡的變化和風味組合，需要窮盡一生的追求；是一個多數廚師，包括我在內，也都無法永遠全盤掌握的技藝。但是（你拿起了這本書）不應該讓你永遠做不出完美的義式風乾火腿，成為享受醃肉樂趣的阻礙。所以，讓我們拿掉那些繁複花俏的思維，回歸技術基本面。

醃製就是一個脫水的過程，而細菌的繁殖需要水分。鹽是用來讓肉品釋出水分的工具。醃製的肉體積愈大，就需要更多鹽和更長的時間完成。醃肉最重要的元素是耐心。當吃著一片經過妥善熟成的火腿時，品味到的是時間流逝的結晶，吃的是一片過去、一片歷史。該死！我又開始把醃製浪漫化了。

關於醃製，有三件重要的事得記著。

1. 硝酸鹽對醃製過程會有幫助，但並非必須。這是種化學物質，主要用來讓肉維持美麗色澤。我醃製肉品從來不用硝酸鹽。

2. 大多數量產上市的肉品，都已經經過適當的氣冷處理殺菌，但有些家庭式經營的小屠宰場所宰殺的有機肉類，並沒有做類似處理。所以，安全起見，醃製任何肉品前，請先把肉冷凍過，使其溫度至少降到攝氏5.5度左右。一般來說，放置在家用冰箱冷凍隔夜，應該就沒問題了。醃製前，記得取出讓肉完全解凍。

3. 傳統醃製需要沒有蟲害的環境，維持10到15度恆溫、75%濕度，並有良好空氣循環的條件下存放肉品。如果有這樣的環境能吊掛醃肉，自然再好不過。葡萄酒櫃很完美，但多數人家裡沒有這種設備。如果真的想玩醃製，不妨買一台基本款冰箱。家用冰箱溫度，通常落在零下1度到1度之間，偏低的溫度意謂醃製時間會拉長，但可以確保細菌不會大爆發。將冷藏最上層之外的層架全部取出，溫度調到最高，大概會落在3到4度之間。用烹飪用棉繩將醃肉綁掛在最上層架子。記得醃肉之間得保持空間讓空氣流動。如果家裡有可能會干擾你醃製大業的人員，那就在冰箱門安裝個掛鎖。

乳酪師

第一次遇見佩特．艾里歐（Pat Elliot），是在路易維爾的美國乳酪協會大會上。對多數的我們來說，擁有一項專業已經夠忙了。佩特可是擁有三項專業：醫生、酪農和乳酪師，而且每個專業都勝任有餘。她養了一大群綿羊，身為醫生，她會以一般酪農不會有的特殊視角看待動物——我特別欣賞她這點。和她的對話主題，可以從動物飼料，快速地跳到醫學藥物，再到乳酪外皮的密度。從610 Magnolia餐廳一開張，我就一直用她的乳酪。如果她心情特別好，便會在固定羊奶乳酪運送之外，額外送我綿羊奶優格。那東西我會直接帶回家，絕不會留在餐廳。

「綿羊一點也不笨，也不軟弱，牠們秉性堅忍，擁有忍耐疼痛而不形於色的強力本事。那是因為牠們是群居動物，而狼會攻擊弱者，隨著時間推移，綿羊學會了不表現出疼痛，就算生病也不例外，如此可以避免成為掠食者的目標。養綿羊的酪農有時會抱怨，羊隻會毫無徵兆地突然死去，那不是事實，你只是必須學會更仔細地觀察，因為就算生病，牠們也會裝得若無其事。牠們是卓越超凡的動物。」

——佩特．艾里歐

維吉尼亞州羅比丹，艾佛羅娜酪農場

乳酪師（和醫生）

牛與三葉草
COWS & CLOVER
韓國迷信——如果躺著
吃飯，或一吃飽就睡，
下輩子會投胎變成牛。

一直以來，我最愛的肉是牛肉

但它也曾讓我徹底失望。韓式烤肉——鹽、甜味和煙燻神聖的三位一體——仍觸動著我的感官記憶，從咬下第一口撲鼻香的焦香烤肉開始，結束於我可以肆無忌憚大吃、不必擔心消化不良或脂肪的幸福童年時光。有著經典炭烤甜醬油和強悍大蒜餘香的韓式烤牛小排，是我們家出動前往韓國城的主因，那些小旅行成為我童年時期一段最美好的回憶。所以，當我計畫開餐廳時，理所當然想試試韓式燒烤店，地點就在莫特街上，一個無人問津的店面裡。

一開始只賣熱燙韓式燒烤盤的小店，迅速擴張成一家時髦的餐廳。我們增加了沙拉和甜點品項，然後在初期的OB啤酒和海尼根之外，還供應起葡萄酒和雞尾酒。我那時才二十五歲，還是個很菜的毛頭小子。我最初的計畫是賣韓式燒烤給白人吃，賺點錢好支付想參加的廚藝學校學費。但在短短幾個月之後，我開始接待名人和時尚名媛，荔枝馬丁尼數打地賣出。賺錢賺到沒辦法收攤，我樂在其中，不想喊停。每晚開門營業時，還勉強算是間體面的餐廳，但到了下半夜，有人開始會在吧台上跳舞，或是在廚房裡接吻調情，然後洗手間排起可疑的長龍。

我和藝術家、設計師互相往來，與日本女演員交往，也和一些隨機隨興成為朋友的傢伙們一起看日出，還曾經和喬·史特拉默（註：Joe Strummer，英國搖滾樂團 The Clash 主唱兼吉他手）及搖滾攝影師鮑伯·格倫（Bob Gruen）度過了愚蠢卻棒透了的夜晚。我的烹飪抱負被按下暫停鍵，事實上，它被泡在龍舌蘭酒瓶裡。

在一個特別混亂的晚上，傑里邁爾·陶爾（Jeremiah Tower）走了進來。容我介紹給不識其人的年輕讀者：陶爾是餐廳帕尼絲之家（Chez Panisse）的另一半合夥人。他和愛麗絲·華特斯（Alice Waters）聯手將帕尼絲之家，從一個柏克萊社區餐廳，推動拉抬為美國烹飪史上一個最重要的存在。他們最後分道揚鑣等於公開撕破臉，就像NBA球星柯比和俠客歐尼爾一樣。兩人之後各自開創亮眼的職業生涯，但再也不曾像帕尼絲之家聯手的全盛時期那般輝煌。如果我聽起來像個馬屁精，那是因為我的確是——對我這樣的年輕廚師來說，他們代表了當餐廳致力在地農業哲學理念時，可以達到何等的顛峰。他們是劃時代的革命家，激發引領了一整個世代廚師的追隨。

我是在傑里邁爾·陶爾到帕尼絲之家任職的那一年出生的，而此時此刻，他坐在我還算時髦的小店裡。我想讓他對我另眼相看，可是要用什麼步數呢？用一把西洋菜和一顆乾癟垂死的亞洲梨嗎？有個女生在吧台上昏倒，她正好是我的服務生。我冷藏室裡有一些冷凍鰩魚，冰箱的最裡層還有一個胡亂切割的鴨胸。我決定使出殺手鐧：韓式燒烤牛小排。我們每天晚上賣出一大堆，整間客滿的餐廳，都在狼吞虎嚥地吃著呢！我端出一盤還在滋滋作響，滿是牛小排的餐盤及調味醬料托盤。我喝著啤酒，等著接受喝采讚嘆。沒等到掌聲，倒是等到一盤幾乎沒動，冷掉而油脂凝結的牛小排。他只吃了些飯和調味醬。

訂單不斷湧入，可是我已經不在乎了。我坐在牛奶木箱上，心如槁木死灰。所有狂歡作樂和現金，反倒像是失敗。我咬了一口那份韓式牛小排；甜鹹交織的醬料吃起來仍可口，可是底下的肉，真是毫無滋味可言。老天爺！我剛剛把陶爾所代表的意義給毀壞殆盡了。我走到他桌前，心裡做好最壞情況的準備。但他非常禮貌，甚至可以說溫和。沒說什麼太糟的評論，但也沒誇讚（這當然是一切盡在不言中）。他問我幾個與餐廳無關痛癢的問題，環視著跌下座位的醉客，臉上帶著淡漠的微笑走進夜色裡。

那不過就是某個晚上的一位客人，不多理會，繼續前進就好了。但這卻深深煩擾著我，而且不斷惡化，讓原本樂在其中的我，感到不再有趣。我打電話給供應商，訂了他能找到的最棒的牛肉，我問他肉哪裡來的？他說愛荷華州。我問他愛荷華州哪裡？他說不知道。我掛掉了電話，打給另一家供應商，多問他一些問題，像是那些牛吃什麼，對方沉默了。我掛掉電話，又打給另一家供應商，那傢伙騙我。我打給一家又一家的牧場，兩個鐘頭後，找到一個在紐約上州的傢伙，說可以賣我海福特牛肉（Hereford beef），但我得一次買下四分之一頭牛，只有每週二才送貨，而且比我現在付的價格多一倍。我環視小小的廚房，看著雞肉、雞蛋、豬肋排、魷魚、西洋芹、芒果、紅蘿蔔、香料、豆子、米，然後心想：「哦！這真是糟透了！」

我並沒有在一夕之間，把廚房改頭換面，這是條漫漫長路，每個走在這條路上的廚師都知道，它就像個兔子洞，非常、非常深。一旦開始，幾乎不可能回頭。最難的是跨出第一步，而最棒的是，化失望為靈感。

我大學主修文學，所以喜歡以隱喻的方式看待事情。牛肉只是我製造出來的巨大失望困境的表面，我曾經以為事情都會朝著順心如意的方向發展，而且有一度的確如此。但我心知肚明，人生遠遠大於烤肉和龍舌蘭酒，三年的餐廳生涯轉瞬即逝。

所有狂歡作樂和金錢
反倒像是失敗。

我女朋友搬到義大利，我新認識的朋友令人毛骨悚然。接著，兩架飛機把紐約雙子星大廈化為灰燼。我失去一個摯交，所有存款全化為烏有，我需要休息一下。

我不記得自己到底為什麼要去看肯塔基德比看賽馬。對於一個來自布魯克林的城市小孩來說，那種穿著薄棉織布西裝，喝著波本威士忌的場面，較之我的都市地獄，就像一種靈丹妙藥。朋友的朋友知道路易維爾有家餐廳，應該會想在我造訪德比馬場的週末雇用我。如此一來，我不僅能賺點錢，也能見識一下肯塔基藍草。我想脫下鞋子，赤腳走在三葉草草原。我想和啃食我腳下草地的牛隻，一起並肩散步。我收拾一個禮拜的行李，而那一個禮拜，永遠改變我的人生。

洋蔥
寬葉羽衣甘藍
煎蛋和香辣玉米
牛肉拌飯
佐雷莫拉蛋黃醬

每當我成功把自己對亞洲燒烤的熱愛，和喜歡的美國南方食材結合，我就知道我創造出很特別的料理。這裡的牛肉醃料，是受到人氣韓國菜裡的烤肉醬汁啟發，而寬葉羽衣甘藍是真正的南方象徵，食用歷史始於南方殖民地奴隸的非洲來源國，容易種植、富含營養，以及出於能餵飽全家的綠葉蔬菜之需求而生，但後來逐漸發展成為一種代表豐足、慶祝和撫慰人心的傳統。這則食譜裡，寬葉羽衣甘藍盛裝在簡單令人滿足飯碗上，亦顯得無比家常適切。4 人份主菜或 6 人份開胃菜

RICE BOWL WITH BEEF, ONIONS, COLLARDS, FRIED EGG, AND CORN CHILI RÉMOULADE

玉米辣椒雷莫拉蛋黃醬

- 1小匙無鹽奶油
- 2根黃玉米，剝外葉，取玉米粒
- 60毫升完美雷莫拉蛋黃醬（請看第18頁）
- 1小匙紅辣椒粉

醃料

- 1顆蒜瓣，磨泥（microplane刨器可代勞）
- 1小匙新鮮薑泥（microplane刨器可代勞）
- 3大匙醬油
- 1大匙麻油
- 2小匙新鮮檸檬汁
- 2小匙糖
- 1/2小匙鹽
- 1/2小匙現磨黑胡椒粉
- 1塊平鐵牛排（flat iron steak）約15盎司（450克），切薄片

步驟

1 製作雷莫拉蛋黃醬：取小一點的平底鍋，中火加熱融化奶油，放入玉米粒，略炒 3 到 4 分鐘，直到軟甜。平底鍋離火，拌入雷莫拉蛋黃醬和紅辣椒粉，置旁備用。

2 醃牛肉：將所有醃料食材放入碗裡，再拌入牛肉片，翻拌使其均勻沾上醬汁。室溫靜置醃漬約 20 分鐘。

3 醃牛肉的同時，烹煮寬葉羽衣甘藍：取大煎鍋，以中火加熱橄欖油和奶油，直到奶油融化。放入洋蔥碎，拌炒約 8 到 10 分鐘，直到染上焦糖色澤。下甘藍菜、鹽和蘋果醋，煎炒約 5 分鐘，或直到菜葉軟化。這不是燉煮版，所以切勿炒到「菜容」失色，葉菜應該有些軟化，但仍保有取悅唇齒的脆口才是。將炒好的寬葉羽衣甘藍，移放到溫熱過的盤子裡，上蓋保溫。

4 烹調牛肉：以中火加熱麻油，將牛肉片連同醃料放入鍋中，不斷翻炒約 3 至 5 分鐘，直到牛肉全熟，呈深棕色。將牛肉片移放到另個碗裡，保溫備用。

5 煎蛋：用同個煎鍋，融化奶油，一次一個，煎成太陽蛋。保溫備用。

6 盛盤：將飯分盛到碗裡，先放入寬葉羽衣甘藍，然後將牛肉疊放葉菜上，每碗最上頭再擺一個太陽蛋，把大約1大匙的雷莫拉蛋黃醬淋於煎蛋上。即刻上桌，以湯匙享用——開吃前先攪拌一番乃最佳賞味方式。

如果買不到平鐵牛排，沙朗牛排（sirloin steak）或是去骨牛小排都是理想替代。但記得別買口感偏粗韌的部位如：側腹牛排（flank），因其遇熱會變得僵硬難嚼，絕不是會讓人想用來搭配鬆軟白飯的口感。

寬葉羽衣甘藍

- 1大匙橄欖油
- 1大匙無鹽奶油
- 1杯洋蔥碎
- 1把寬葉羽衣甘藍（約360克），去莖梗，粗切
- 1小匙鹽
- 1小匙蘋果醋
- 1大匙麻油

蛋

- 1又1/2大匙無鹽奶油
- 4顆大號雞蛋，有機尤佳

- 4杯白飯（請看第16頁）

塔塔生牛肉
佐溏心蛋
和草莓番茄醬

這道是書裡極少數幾道「餐廳風格」菜色其一，但是大部分的備料可提前完成，所以上菜時只掌握好煮蛋的時間而已。當把蛋戳破，蛋黃流淌而出時，那真是無比性感，而它也扮演著將所有元素大融合的角色。草莓番茄醬則能增添驚喜風味，一般番茄醬仰賴本尊乃水果的番茄濃縮過的甜味，這個版本使用烹煮後有其獨特濃郁鮮味的草莓取代。不如想成是成人版的番茄醬吧！我喜歡以具大地氣息的奧勒岡產的黑皮諾（Pinot Noi）來搭配這道菜。4人份開胃菜

STEAK TARTARE WITH A SIX-MINUTE EGG AND STRAWBERRY KETCHUP

塔塔生肉

- 8盎司（240克）去骨牛肉
  外側後腿眼肉（eye-of-round）
  三角嫩尖沙朗（tri-tip）
  或肋眼（rib-eye）
- 1/4杯紅蔥頭碎
- 1/4杯新鮮扁葉巴西里碎
- 1大匙麻油
- 1小匙第戎芥末醬
- 3/4小匙猶太鹽
- 1/2小匙現磨黑胡椒粉

- 4顆大號雞蛋，有機尤佳
- 60毫升草莓番茄醬（請見右頁）
- 4片布里歐麵包，烤香
  每片分切成四個三角麵包片
- 1顆新鮮萊姆汁
- 1小把芝麻葉，盤飾用
- 粗海鹽

步驟

1 製作生塔塔：用鋒利的廚師刀將牛肉盡可能切成小丁塊，將肉放入冰鎮過的碗裡，放進紅蔥頭、巴西里、麻油、芥末醬、鹽和黑胡椒，以橡皮刮刀輕輕攪拌，封住碗口，入冰箱冰鎮。

2 冰鎮牛肉的同時，將蛋放入小鍋裡，注水淹沒。以中大火加熱至微滾，計時6分鐘，時間到時，小心將蛋撈出，泡入冰塊水裡冷卻。在水龍頭冷水流沖下，小心剝除蛋殼。

3 盛盤，舀一大匙草莓番茄醬，置於每個盤子的盤緣，取一塊麵包放在盤中央，把生牛肉舀在麵包上，淋些許萊姆汁液，再小心地把一顆蛋放在每盤生牛肉上，以芝麻葉裝飾，雞蛋上撒點粗海鹽，立即享用。

製作草莓番茄醬是消化有些過熟、水傷草莓的好機會。有時接近草莓季末，賣相沒那麼漂亮但依然美味，我能在農夫市集以極好的價錢買到手。它們乏人問津，但我會盡量買。草莓番茄醬還能搭配醃火腿、炸熱狗和炸秋葵。

草莓番茄醬 製作 480 毫升

- 450克新鮮草莓，洗淨去蒂頭，切片或剖半
- 1/2杯洋蔥丁
- 120毫升蘋果醋
- 1/2杯紅糖
- 2小匙醬油
- 1大匙蒸餾白醋
- 1小匙薑粉
- 1小匙猶太鹽
- 1/2小匙現磨白胡椒粉
- 1/2小匙煙燻紅椒粉
- 1/2小匙孜然粉
- 1/4小匙丁香粉

步驟

1 將草莓、洋蔥、蘋果醋、紅糖和醬油放入小鍋，以中火加熱至微滾，煮約 14 分鐘，直到草莓軟化分解。

2 將草莓洋蔥醋汁倒入果汁機，以高速攪打成泥。以細篩過濾到碗裡，丟棄殘渣。

3 草莓香料泥中加入白醋、薑粉、鹽、白胡椒粉、煙燻紅椒粉、孜然粉和丁香粉，攪拌混勻。倒入兩個乾淨小玻璃瓶，上蓋，放冰箱冷藏可保存約一個月。

萊姆
牛肉沙拉

LIME BEEF SALAD

牛肉不一定非得是粗獷的料理。它也可以細緻，和脆口、繽紛健康的蔬菜完美配搭。在沙拉裡加入肉類，可以滿足肉食的欲望，但這搭配又不會讓肉喧賓奪主：蔬菜才是沙拉的主角。使用上好魚露，而且千萬別擔心味道刺鼻，那可是為這道沙拉增添底蘊的祕密元素。這道清新又接地的沙拉，配上奧地利產的綠維特利納白葡萄酒（Grüner Veltliner）十分完美。4 人份

油醋汁

- 5大匙新鮮萊姆汁（約3顆左右）
- 1又1/2大匙紅糖
- 2小匙魚露
- 2小匙麻油
- 2小匙現磨薑泥（microplane刨器可代勞）
- 1/2小匙醬油
- 1/4小匙現磨黑胡椒粉

沙拉

- 240克高麗菜
  切成細絲，愈細愈好
- 1顆李子番茄
  直向剖半，再切成細半月薄片
- 1顆芒果
  （選一個尚未全熟，質地硬實的）
  去皮，去芯，切成細長條
- 1大匙新鮮薄荷碎
- 1小匙黑芝麻
- 1顆佛斯諾紅辣椒或墨西哥青辣椒
  切碎

步驟

1 製作油醋汁：將所有食材放在碗裡，混拌均勻，封碗口，放冰箱冷藏。

2 製作沙拉：將所有食材放入另一只大碗裡，混拌均勻，封碗口，放冰箱冷藏。

3 處理牛肉：將水、薑、蒜和鹽放進小鍋裡，大火加熱至滾，轉小火，滾煮約 15 分鐘，可趁這時候捶打牛肉。

4 將牛肉切薄片：差不多可以切 8 片。將肉一片片放在兩張保鮮膜之間，以一個小鍋鍋底或擀麵棍捶打，直到薄如紙片。移放到盤子上。

5 從冰箱取出油醋汁。用筷子或夾子，輕輕把幾片牛肉放入微滾的薑蒜水裡，煮個 10 秒左右，如果你喜歡生一點的口感，就更快撈出。將肉片立即浸入冰涼油醋汁裡。以同樣動作處理剩餘的牛肉片。

6 將牛肉片和醬汁混進沙拉葉菜，輕柔混拌，鋪排在沙拉盤上。上頭以香菜和花生碎裝飾。立即享用。

牛肉

- 2公升水
- 1小段薑
- 1顆蒜瓣
- 1小匙鹽
- 5盎司（150克）去骨牛肉
  沙朗或外側後腿眼肉

- 1小把香菜，去粗梗
  將嫩葉和嫩莖切碎
- 1大匙花生，切碎

香菜莖梗也可食用。每次看到廚師只挑下葉子，把梗丟掉，我就快抓狂了。香菜莖其實脆口細緻，甚至比葉子還美味。如果不想要沙拉裡出現香菜長莖，可以挑下葉子，再像切蝦夷蔥一樣，把香菜莖切碎。

牛骨湯和栗子南瓜餛飩

韓國以其湯品和燉煮料理聞名，特別是秋冬時節，正逢所有人都渴望來點蒸氣升騰的療癒食物的時候。西式料理多半注重湯汁的澄淨清澈。這道正好完全相反：骨頭經過長時間滾煮，使得脂肪——肉和骨髓——都融合進湯汁裡，最後的成果是，有著口感令人滿足的湯頭。南瓜的明亮極好地平衡濃郁的湯汁。我一般不太喜歡以葡萄酒配熱湯，反而會來罐風味強烈的啤酒，像是艾凡代爾釀酒廠出品（Avondale Brewing）的季節啤酒（Spring Street Saison）。4人份

BEEF BONE SOUP WITH KABOCHA DUMBLINGS

食材

- 約2公斤左右的帶碎肉牛骨
- 240克白蘿蔔
  去皮，切成約0.5公分圓片
- 1/2顆白洋蔥
  切成約0.5公分左右粗絲
- 猶太鹽和現磨黑胡椒粉
- 12顆栗子南瓜餛飩
  （食譜請看第66頁）
- 1杯西洋菜

步驟

1 將牛骨放進大湯鍋裡，加水淹沒。置室溫直到所有血水都從骨肉裡滲出為止，約1小時。

2 瀝出牛骨，注冷水入鍋，淹過骨頭大約2到3公分。以大火加熱至沸騰，轉小火到微滾，撇去表面的浮沫，讓水保持在小滾狀態，煮約3小時，直到湯汁減少到接近2公升；持續不斷撈掉浮沫。此時湯應該是混濁奶白色。

3 將牛骨移放到大碗裡，以細篩過濾湯汁，倒回原鍋，剝除骨頭上附著的肉塊，略切，加進高湯裡，丟棄牛骨。

4 加熱高湯到微滾狀態，放進白蘿蔔和洋蔥片，滾煮至白蘿蔔熟軟，但形狀完好，約15分鐘。以鹽和黑胡椒調味。

5 將餛飩放入滾湯，煮熟，約3分鐘。將湯料分配到四只碗裡（每碗3顆餛飩），以西洋菜點綴，立即享用。

栗子南瓜餛飩 12顆

食材

- 2杯去皮、切成1公分左右的栗子南瓜丁
- 2大匙無鹽奶油，放軟
- 1小匙麻油
- 海鹽
- 1小匙黑芝麻
- 12張圓形餛飩皮

如果買不到栗子南瓜，用一般南瓜、奶油瓜或橡實南瓜替代。不建議使用金絲瓜或任何口感輕盈的瓜類，因為滋味多半寡淡。冷凍南瓜可以應急，但拜託千萬別用罐頭製品。

步驟

1 以攝氏230度預熱烤箱。

2 將南瓜丁鋪在烤盤上，烘烤約35分鐘，或直到軟熟，且染上淡金黃色澤。放涼備用。

3 將南瓜丁倒入果汁機，放入奶油、麻油，攪打至濃稠順滑，必要時以一次1大匙方式加水。最後應該是類似馬鈴薯泥的質地，放在湯匙能不變形。以鹽調味。倒進碗裡，拌入黑芝麻，放入冰箱冰鎮。

4 在工作枱上鋪好餛飩皮，將2小匙南瓜餡放在餛飩皮中心，以水沾濕餛飩皮邊緣，將皮對折，按壓邊緣封住內餡。立刻入鍋烹煮，或是移放到一個撒了手粉的烤盤，以保鮮膜或濕潤布巾蓋住備用。務必在幾個小時內烹煮，否則皮會變乾（也可以將餛飩以適當間隔，排放在烤盤上冷凍，硬實後，再分裝到冷凍保鮮盒或分裝袋裡儲備）。備註：剩餘南瓜泥也可以冷凍，拿來煮湯，做為餡料或做更多餛飩。

韓式烤牛小排

我費盡千辛萬苦，才從我媽媽那裡弄到這食譜。她從不寫分量，所以每次問她食譜，她總給我「加點這個，還有適量的那個」諸如此類的回答。但即便沒有食譜，她的烤牛小排風味恆常不變，比起上餐廳，能吃到她做的這道菜，永遠是至高享受。我想那就是所謂有媽媽的味道。最終，為了拿到她的食譜，我得坐著看她烹煮，在她混拌調味料時筆記。現在，當我的朋友們想吃傳統風味的韓式牛小排時，我會做這道菜。然後，我也不再使用量杯了。醃料可冷藏保鮮，所以不妨提前製作，節省時間。6 到 8 人主菜

GRILLED KALBI

醃料

- 360毫升醬油
- 1/4杯細砂糖
- 1/4杯紅糖
- 60毫升味醂
- 80毫升麻油
- 1顆小洋蔥，略切
- 6顆蒜瓣，略切
- 1小段薑，磨泥（microplane刨器可代勞）
- 3根青蔥，細切
- 2大匙烤香芝麻
- 1小匙紅辣椒碎

- 2.2公斤左右帶骨牛小排（English-cut），約1公分厚可請肉鋪代勞切好
- 白米或糙米飯（請看第16頁）
- 香辣大白菜泡菜（請看第181頁）

步驟

1. 製作醃料：將所有的食材放進果汁機，按暫停鍵間續攪打成粗泥；這裡會希望保留些許口感（醃料密封放冰箱，可保存兩天）。
2. 將牛小排層層鋪排在烤盤裡，每一層中間倒些醃料，並確保所有肉排都被醬料覆蓋，密封放冰箱醃漬至少 4 小時，或者最長放置隔夜。
3. 從冰箱取出牛小排，退冰至室溫。
4. 在炭火烤爐升火或點燃瓦斯烤爐至高溫，快速炙烤是目標。
5. 逐一炙烤牛小排，每面各烤約 2 分鐘，直到外層焦香內裡仍保有一點生嫩。和米飯與泡菜一起享用。

這則食譜的關鍵在炙烤。你得緊盯著牛小排，因為可能幾秒間就烤過頭，炙烤時間視肉排厚薄而定。如果沒有烤架，也可以用烤箱上火炙烤，但也得全神貫注，因為烤箱上火同樣容易烤過頭。

韓式紅燒牛小排佐毛豆鷹嘴豆泥

烹調牛小排的方式很多，並不只限於醃漬後炙烤。一種極受歡迎的作法是，長時間慢慢煨煮厚切的牛小排。在韓國，這是一道冬季料理，且一般會在特別場合或節慶才會出現。牛小排上的油脂，讓肉質入口即化。傳統上，會配食白米或糙米飯，但我更喜歡搭配毛豆鷹嘴豆泥（請看第211頁）。6到8人份

BRAISED BEEF KALBI WITH EDAMAME HUMMUS

食材

- 約2公斤帶骨牛小排
- 約1公升水
- 2大匙玉米油
- 1大匙麻油
- 1顆大洋蔥，略切
- 5顆蒜瓣，略切
- 1小段薑，去皮細切（約1大匙）
- 180毫升醬油
- 180毫升雞高湯
- 120毫升味醂
- 2大匙糖
- 2小匙蜂蜜
- 2小匙現磨黑胡椒粉
- 4根紅蘿蔔，去皮，切粗塊
- 3根防風草根（歐洲蘿蔔）去皮，切粗塊
- 1/3杯松子
- 2大匙白葡萄乾

- 480毫升毛豆鷹嘴豆泥（請見第211頁）

步驟

1. 將牛小排放入大鍋裡，注水，加熱至滾，轉小火，微滾煮約8分鐘。取出牛小排，擦乾，置旁備用。鍋裡的汁水過濾，保留480毫升備用。
2. 將鍋子洗淨並擦乾，放回爐台上。倒入玉米油和麻油，以中大火加熱。分兩批放入肉排，四面煎至金黃，每批約5分鐘。將處理好的牛小排再放回鍋內，加入洋蔥、大蒜和薑，拌炒約3分鐘。
3. 倒入醬油、雞高湯、味醂和預留好的480毫升牛小排汁水，加熱至微滾。拌進糖、蜂蜜和黑胡椒，半蓋住鍋口，慢煮，時不時幫肉排翻面。燉煮約1小時。
4. 放進紅蘿蔔、防風草根、松子和葡萄乾，繼續半蓋鍋口煨煮，直到牛小排柔軟，煮汁稠化，滋味美妙，大約再煮1個小時。
5. 盛盤和一大勺毛豆鷹嘴豆泥一起享用。

> 一如所有慢燉料理，這道放置隔夜更可口，可以的話，提前製作。

燉牛尾
佐皇帝豆

小時候，我祖母會把牛尾煮到入口即化，然後以砂鍋盛盤，配食米飯和泡菜。我會坐在飯桌邊啃邊吸，直到把所有肉都收拾入腹為止。那時牛尾便宜得不得了，是多數移民會買的牛肉部位，因為所有軟骨能成就出一道營養豐富的料理，便宜餵飽一大家子。但是近來，牛尾變得挺熱門，榮登全美眾多頂尖餐廳的菜單。我祖母如果看到現今牛尾的時價，肯定會碎碎唸。

這道菜既繁複又粗獷：你可用叉子吃皇帝豆，但我建議以手來享用牛尾。可搭配紫紅高麗培根泡菜（請看第178頁）。4至5人份

OXTAIL STEW WITH LIMA BEAMS

食材

- 約1.5公斤牛尾
切成5公分長的肉塊
- 1又1/2大匙中筋麵粉
- 2大匙玉米油
- 2大匙無鹽奶油
- 1顆大洋蔥，粗切
- 300克紅蘿蔔（約2大根）
去皮，粗切
- 2顆青椒，去芯去籽，粗切
- 3顆蒜瓣，粗切
- 3大匙薑末
- 1顆哈瓦那辣椒，細切
- 3顆李子番茄，粗切
- 180毫升黑豆鼓醬
（請參考第31頁筆記）

步驟

1 將牛尾外層大部分脂肪剪除，泡在一大碗冷水裡，置室溫約30分鐘。

2 瀝出牛尾，沖淨，以紙巾擦乾，放進大碗裡，撒麵粉，翻拌一下。取大一點的厚實鍋具，以大火加熱玉米油。分二到三批，將牛尾放入熱鍋內，每一面煎至金黃，約5分鐘。移放到大盤子上。

3 倒掉鍋裡的油，將鍋子擦拭乾淨，以中火融化奶油，放入洋蔥、紅蘿蔔、青椒、大蒜、薑和哈瓦那辣椒，煎炒約4分鐘，或直到蔬菜稍軟化。

4 把牛尾放入鍋內，下番茄、黑豆鼓醬、雪莉酒、八角、糖和黑胡椒。倒入高湯和多香果粉。加熱至微滾，撇除浮沫。不加蓋，小火煨煮約 3 小時。如果汁液蒸發太多，添點水，讓牛尾保持淹沒在醬汁下。肉應該差不多入口即化的程度，醬汁也開始稍微變濃稠。小心把牛尾取出，放到深盤裡，保溫備用。

5 將皇帝豆放入鍋裡，在醬汁裡微滾煮約 20 分鐘，或直到汁液濃縮至薄稀肉汁的質地。

6 將豆鼓肉汁舀在牛尾上，趁熱享用；記得一旁準備一大疊紙巾，這菜就是得用手拿著吃。

- 240毫升乾雪莉酒
- 2顆八角
- 1大匙糖
- 1小匙現磨黑胡椒粉
- 約1公升雞高湯
- 1小匙多香果粉
- 1杯新鮮或冷凍皇帝豆

煨烤牛腩佐波本桃香蜜汁

我和好友，同時也是北卡羅萊納州羅利市Poole's Diner的主廚艾胥莉．克利絲汀森（Ashley Christensen）一起為了「南方糧食聯盟」慈善募款晚宴烹煮了這道菜。我們另外搭配甜高粱糖漬紅蘿蔔、海島豆、奶油白豆和海量的波本威士忌上菜。之後，我們在她家大唱卡拉OK，我的上衣還不見了，對，就是那個意思，最後警察上門，勒令停止派對。我希望當你在家烹煮這道料理的那一晚，也和我們一樣嗨翻了。這道牛腩料理可以搭配淺漬葛縷子黃瓜（請看第185頁）和培根煨飯（請看第205頁）。12 到 15 人份

BRAISED BRISKET WITH BOURBON-PEACH GLAZE

香料抹粉

- 3大匙猶太鹽
- 2小匙現磨黑胡椒
- 1/2小匙煙燻紅椒粉
- 1/4小匙肉桂粉

牛腩

- 牛前胸板肉（flat brisket）（約3.5公斤上下 請看第74頁筆記）
- 3大匙葡萄籽油
- 1顆大洋蔥，粗切
- 6顆蒜瓣，拍裂
- 2根大紅蘿蔔，粗切
- 3根西洋芹，粗切
- 3顆李子番茄，粗切
- 2罐360毫升（12盎司）司陶特啤酒

步驟

1 製作香料抹粉：將所有食材放入小碗裡拌勻。

2 將牛前胸板肉逆紋切成兩半。放在烤盤上，以香料抹粉將牛肉每一面均勻塗抹。不必太溫柔，務必用完所有香料粉。放冰箱冷藏兩個鐘頭，完成快速醃製。

3 將烤箱裡面的烤架移到上方三分之一的位置，以攝氏 180 度預熱烤箱。

4 取一平底淺湯鍋，尺寸足夠大到可以平放兩片牛腩，大火加熱 2 大匙油，先放入洋蔥和大蒜，翻炒 5 分鐘，或直到洋蔥染上一點色澤。將洋蔥和大蒜移放到盤子上備用。

5 將剩下的油入鍋，加熱直到幾乎冒煙。放牛腩，油脂面朝下，完全不翻動，煎到變成深棕色，約 5 到 6 分鐘。掀起牛腩的一角察看，應該呈現漂亮的咖啡色。以夾子將兩片牛腩翻面。

6 把炒過的洋蔥和大蒜放入鍋裡，續下紅蘿蔔、西洋芹、番茄、司陶特啤酒、波本威士忌、醬油、巴薩米克醋、紅糖、牛高湯和百里香，以大火加熱至微滾。

- 360毫升波本威士忌
- 120毫升醬油
- 2大匙巴薩米克醋
- 1/2杯淺色紅糖
- 約2公升牛高湯
- 1小把新鮮帶細枝的百里香

蜜汁

- 1瓶300毫升（10盎司）桃子果醬
- 1大匙波本威士忌
- 120毫升預留的燉煮肉汁
- 1小撮鹽和現磨黑胡椒粉

通常一整塊牛前胸板肉是處理好的，故不需再做修剪。

7 用兩張鋁箔紙封住平底淺鍋鍋口，放入烤箱。烤約4.5小時，忍住想掀開鋁箔紙偷看的衝動。將平底淺鍋取出烤箱，慢慢打開鋁箔紙，牛腩應該形狀完整，但質地柔軟。將牛腩移放到橢圓大淺盤裡，鋁箔紙封住以保持濕潤。

8 過濾煨汁，保留部分蔬菜和120毫升燉煮肉汁製作蜜汁用，將剩餘所有汁料全數放回平底淺鍋，轉大火，續煮燉汁約15分鐘，使其收汁。

9 同時，製作蜜汁：將桃子果醬、波本威士忌，和預留的燉汁放進果汁機，攪打至滑順泥醬狀態。以鹽和黑胡椒調味。

10 牛腩稍涼之後，用一把銳利削皮刀，在牛腩的脂肪面，畫出約半公分深的交叉紋路切口。

11 以上火炙烤功能預熱烤箱。當步驟8的燉煮汁慢慢收汁時，將牛腩放回平底淺鍋，油脂面朝上。燉煮汁應該差不多到牛腩側1/3左右高度，如此肉將浸泡在湯汁裡，而油脂曝露其外；這點至關重要，所以如果不是如此狀態，取出牛腩，視情況續煮燉湯，更進一步收汁。接著，以3到4大匙桃子蜜汁，塗刷牛腩上方表層。將平底淺鍋送進烤箱，以上火炙烤，不時察看：目標是在不燒焦的前提下，將蜜汁烤成深棕色。大約只要4到5分鐘。

12 將牛腩移放到砧板上，以逆紋方向切成厚片，排放在橢圓大盤上，淋上燉煮汁，再添些許桃子蜜汁，和之前保留的蔬菜，一起盛盤享用。

魚露是什麼？

你很可能看過魚露：就是那瓶貼著火星文的標籤，紅棕色澤，散發出令人皺眉的怪味的東西。它總是在超市的亞洲食品貨架上，和其他一些不知道該怎麼使用的陌生瓶罐擺在一起。如果你膽敢打開瓶蓋一聞，會聞到大概只能用腐臭形容的氣味。但是，這玩意兒最了不起的地方在於，它能點各種菜成金，而且真的是無一例外，只需要幾滴這濃縮的醬汁，就能宛如奇蹟地把菜完全改頭換面，變得鮮味十足。鮮味就是那個謎樣而難以形容的第五味，但若從整道料理的全視角來看，指的就是其深度、飽滿和鹹香的元素。有時，我就簡單把魚露叫做「調味液」。而且，一反你所預期的，魚露和肉料特別合拍，而不是魚料理。義大利人用同樣手法，以發酵鯷魚增滋添味，斯堪地那維亞人也是。魚露是東南亞版本，就是魚的發酵物。一般多用鯷魚，但也有使用魷魚或蝦的其他版本。有些廉價品牌會用使用大量內臟發酵，非我所好。

越南籍的Cuong Pham製作的魚露，是我在太平洋這岸嘗過最棒的。他的公司叫「紅船」（請看「食材採買一覽」，第291頁）。他在一個氣溫常保26到32度、強風吹襲的越南小島上，製作一款使用「初榨」萃取液的魚露。他的魚露只有兩種食材：鯷魚和鹽。把鹽撒到鯷魚上，存放在釀造木桶長達一年的時間，鹽會讓魚釋出水分，以進行發酵。得要用上2.2公斤的鯷魚，才能釀出一瓶500毫升的魚露，這過程需要無比耐心，所以，或許魚露真正需要的是三個食材。

魚露之於東南亞料理，一如橄欖油之於義大利菜那般不可或缺。我用來調味湯品、醬汁、燉煮菜和沙拉醬汁。只要幾滴，就能讓了無生氣的醬汁鮮活。如果生活的其他方面，也這麼簡單就好了。

波本可樂肉餅煎蛋三明治

佐黑胡椒肉汁淋醬

不久前，《南方生活》（*Southern Living*）雜誌請我和他們的讀者分享肉餅食譜。那時我不想承認我這輩子還沒做過肉餅。回家後，我做了六個不同版本，沒一個喜歡。決定休息一下，倒了杯波本威士忌加可樂，突然間醍醐灌頂，而這個波本加持的肉餅，就是那次頓悟的結果，也是迄今我最愛的版本。它很有記憶點，是嘗試一款風味強烈的硬派三明治的開端。搭上像Three Floyds啤酒廠出品的小麥啤酒Gumballhead，簡直是絕配。8人份

BOURBON-AND-COKE MEATLOAF SANDWICH WITH FRIED EGG AND BLAK PEPPER GRAVY

肉餅

- 1大匙無鹽奶油
- 1杯洋蔥丁
- 1/4杯西洋芹丁
- 1顆蒜瓣，切碎
- 3盎司（90克）培根，切丁
- 1杯白蘑菇，略切
- 15盎司牛肩胛絞肉（450克，80%瘦肉）
- 1/2杯麵包粉
- 1顆大號雞蛋
- 1顆大號雞蛋的蛋黃
- 60毫升番茄醬
- 2大匙可口可樂
- 1大匙波本威士忌
- 1小匙伍斯特辣醬
- 3/4小匙猶太鹽
- 1/4小匙胡椒

蜜汁

- 60毫升番茄醬
- 1/2大匙醬油
- 1大匙紅糖

步驟

1 以攝氏180度預熱烤箱。

2 製作肉餅：取一只大平底煎鍋，以中大火加熱融化奶油。放入洋蔥、西洋芹和大蒜，煎炒約3分鐘，直到軟化。培根和蘑菇下鍋，續煎炒4分鐘，直到軟化。將炒料移放到大碗裡，放涼至室溫。

3 將牛絞肉、麵包粉、全蛋、蛋黃、番茄醬、可樂、波本威士忌、伍斯特辣醬、鹽和胡椒，加入放有培根炒料的碗裡，以手攪拌直到均勻。整成長條形放進約9×5英吋（23×13公分）長條形烤盤裡。

4 製作蜜汁：混合番茄醬、醬油和紅糖，塗刷在肉餅上層表面。烤約60至70分鐘，或溫度計插入肉餅中心時，顯示為63度。先將肉餅從烤箱取出，以手按住肉餅，稍微傾斜烤盤，將盤底烤汁小心地倒在小碗裡，應該差不多有240毫升的量，預留下來做肉汁淋醬用。讓肉餅稍放涼，不關烤箱。

5 趁肉餅放涼時，製作肉汁淋醬：以中火加熱小鍋，融化奶油，倒入麵粉，攪拌至融合滑順，再拌入盤底烤汁和雞高湯。加熱至微滾，持續攪拌，滾煮約2分鐘。以鹽和黑胡椒調味，滴幾滴檸檬汁，有助提增肉汁淋醬的明亮風味。熄火，保溫肉汁備用（肉汁淋醬可放冰箱冷藏一天。在小鍋裡以文火復熱，不妨滴幾滴水，有助質地更滑順）。

6 製作三明治：將吐司鋪排在烤盤上，放入烤箱，烘烤至金黃酥香，約 6 分鐘。取出放涼。

7 將肉餅脫模，切成 8 片約 2 公分厚的肉排。

8 每片吐司上塗1大匙美乃滋，放上一片肉排和番茄片。

9 取一大平底煎鍋，以中火融化奶油。煎太陽蛋，一次煎兩顆，約 3 分鐘。用煎鏟將太陽蛋疊於肉排上。

10 將黑胡椒肉汁淋醬淋在太陽蛋上，撒些許巴西里碎，就可立刻開吃。

德州吐司是兩倍厚的厚片白吐司。如果買不到，就以一般吐司片取代即可。

黑胡椒肉汁淋醬

- 1又1/2大匙無鹽奶油
- 1大匙中筋麵粉
- 240毫升預留肉塊殘留烤汁
- 120毫升雞高湯
- 猶太鹽
- 1小匙現磨黑胡椒粉
- 幾滴現擠檸檬汁

三明治

- 8片德州厚片吐司（請看筆記）
- 120毫升美乃滋，建議杜克牌
- 8片厚番茄片
- 3大匙無鹽奶油
- 8顆大號雞蛋，有機尤佳
- 新鮮扁葉巴西里，切碎

香茅
哈瓦那辣椒
丁骨牛排

每隔一段時間，我就有種想要大口吃塊厚實肥腴帶血牛排的欲望。隔天，我可能會覺得懊惱，但其美味實在太銷魂了。我發現吃一大塊牛排有個問題，就是吃幾口後，便容易膩了。所以，我喜歡用有明亮酸度的醃料，和滿滿的肉味做出對比：酸味實際上會突顯牛排的鮮味，賦予唇齒一種令人沉淪上癮的巨大衝擊。搭配寬葉羽衣甘藍拌泡菜（請看第212頁），再來一杯魔術帽釀酒廠（Magic Hat Brewing）的馬戲團男孩（Circus Boy）白啤酒。正常胃口 4 人份或飢腸轆轆者 2 人份

T-BONE STEAK WITH LEMONGRASS-HABANERO MARINADE

醃料

- 6顆蒜瓣
- 3根香茅
保留根部以上5公分，切碎
- 2顆哈瓦那辣椒，剖半去籽
- 1顆現擠檸檬汁
- 1顆現擠柳橙汁
- 2大匙麻油
- 1小匙醬油
- 1/2小匙鹽

- 鹽和現磨黑胡椒粉
- 2塊各10盎司（300克）約2公分厚的丁骨牛排（請看筆記）
- 1大匙無鹽奶油
- 1小匙花生油

步驟

1 製作醃料：將所有的醃料食材放入果汁機裡，高速攪打至均勻混合。

2 豪邁地將鹽和黑胡椒撒在牛排上。放進玻璃烤盤裡，將一半醃料倒於肉上，室溫醃 20 分鐘。

3 取一只平底鑄鐵大煎鍋，大火加熱花生油和奶油，直到近乎冒煙。放入牛排，蓋上鍋蓋，煎 3 分鐘。掀蓋，將牛排翻面，轉中火，不加蓋，續煎牛排大約 2 分鐘。牛排看起來是不是因為在醃料的加持下呈現焦糖色？看來濕潤又閃閃發亮呢？很好，準備開動了。從煎鍋取出牛排，在砧板上靜置 2 分鐘。

4 將鍋底殘汁和醃料舀在牛排上，盛盤享用。

丁骨牛排屬於奢侈部位。可以簡易地用8盎司（240克）肋眼或菲力牛排取代。或者，用同樣手法醃製切成細條的沙朗部位後，快炒一番，再使用剩餘的醃料融合鍋底沾黏的菁華。

古巴燉牛肉佐卡羅萊納紅米飯

我還在紐約的時候，米蓋爾是我在幾家不同餐廳合作的二廚，他傳授了拉丁料理的訣竅。因為米蓋爾，我開始喜歡上炸豬皮和綠莎莎醬。這食譜是我對經典古巴菜的詮釋，米蓋爾應該會感到驕傲才是。4至6人份主菜

ROPA VIEJA IN CAROLINA RED RICE

古巴燉牛肉

- 900克側腹牛排
  逆紋切成10公分的寬段
- 約1公升牛或雞高湯（希望滋味濃郁就用牛，喜歡清爽就用雞）
- 60毫升雪莉酒醋
- 60毫升醬油
- 1顆大洋蔥，切細絲
- 3根西洋芹，切細片
- 4顆蒜瓣，略切
- 1顆墨西哥辣椒，略切（連籽）
- 1大匙孜然粉
- 1又1/2小匙香菜籽粉
- 1小匙煙燻紅椒粉
- 1小匙猶太鹽
- 1/2小匙現磨黑胡椒粉

- 2大匙無鹽奶油
- 2杯卡羅萊納紅米（請看筆記）
- 480毫升水
- 1杯番茄塊罐頭
- 1顆紅椒，去蒂芯籽，切細絲
- 1/4杯帕瑪森乳酪粉（約30克）
- 2大匙新鮮扁葉巴西里葉，略切
- 猶太鹽和現磨黑胡椒粉

步驟

1 製作古巴燉牛肉：取一只湯鍋，放入牛肉、高湯、醋、醬油、洋蔥、西洋芹、蒜、墨西哥青辣椒、孜然粉、香菜籽粉、煙燻紅椒粉、鹽和黑胡椒，蓋鍋蓋，加熱至微滾，小火滾煮約2小時。

2 拿開鍋蓋，續煮40分鐘，離火。

3 將肉移放到大碗裡，或其他適合容器。放涼，約20分鐘。

4 在不完全撕碎的前提下，用叉子將牛肉撕成適口大小，再放回碗裡。將溫熱煮汁和蔬菜倒覆於牛肉上。

5 洗淨並擦乾之前用來煮牛肉的湯鍋。以中火加熱融化奶油，放入紅米，拌炒約2分鐘，倒水，加入番茄塊和紅椒，再把燉牛肉的湯汁倒進鍋裡，如果有牛肉滑落進米鍋裡，別擔心，反正最後都是要融合成一體的。煮約12分鐘，直到米粒吸收湯汁，完全熟透。

6 將牛肉和蔬菜加入米飯，拌入帕瑪森乳酪絲和巴西里碎。續煮個幾分鐘，直到達到你希望的稀稠度，該是鬆散且流動的，絕不是米湯狀態。以鹽和黑胡椒調味。立即享用。

網路上買得到正宗卡羅萊納紅米（請看第291頁「食材採買一覽」，但是任何長梗米都能勝任，不過得稍微調整烹煮時間。我不推薦使用義大利白米（Arborio）。

教育家

佛雷德・普羅文札（Fred Provenza）是管理草食動物生態系統的倡議者之一。我關注他多年。他解釋牛肉或牛奶的香氣之所以與眾不同，與牠們的飲食密不可分，而關鍵在於放養的草地和土壤。對牛來說，三葉草像是糖果。一個優良草飼牛牧場的指標是，草原上長滿牛群能啃食的繁盛三葉草，還有紫花苜蓿、鳥百脈、梯牧草和羊茅草原。健康的草地需要優質土壤，我們通常只有在種植蔬菜時，才會想到土壤的重要性，但事實上，土質是所有草食動物：牛、羊、鹿、兔子、山羊、鳥兒們的基礎營養來源，甚至還包括定義為雜食動物的豬。

從一片大草原開始，串連起牛隻、牛奶和人類的生存，再回到草地，有因果循環的哲學禪意在其中。如果你在盆子裡種植最終要拿來做菜的香草，應該不會想噴灑一堆殺蟲劑吧？下次在草坪上施放除草劑時，請慎思。

「土地的生命力影響著物種，以及土壤中的有機體的生長。土壤的健康，對植物的品種、化學特性和行為影響重大，也牽動著草食動物的營養和健康。最終，人類的身心福祉安康，藉由植物和草食動物的關係，與土壤健康緊密糾纏在一起。」

——佛雷德・普羅文札

猶他州州立大學野生資源系

韓國常見的打獵迷信——
如果獵手之外的人取走
死鳥，當天不會再有人射中
任何一隻鳥。

BIRDS & BLUEGRASS

禽鳥與藍草

一個都市長大的小孩

被送離他的地盤，在對周遭環境沒半點了解的狀況下，送到聖經帶的中心（註：Bible Belt，美國基督教派主導地區，多指美國南方），那就是剛搬到肯塔基州的時候的我。我置身在炸雞、波本威士忌、鄉村火腿、大學籃球、藍草音樂、賽馬、薄荷朱利普調酒，和深厚宗教信仰的土地上。抵達當地的第一件事，就是去報名騎馬課程，我想說那是大家消磨週末的活動，第一天就差點弄傷鼠膝部。

我強撐著三個多禮拜的疼痛和不間斷的羞辱，只希望我駕馭馬的能力，能讓老一輩的肯塔基人士另眼相看。我終於遇見一位白髮蒼蒼，啜飲著波本威士忌，無庸置疑流著貴族血統的老紳士，在還沒被正式介紹認識之前，我就迫不及待地告訴他，我很樂意在下午陪他一起騎馬。他的妻子投以一個眼神，彷彿在說：「哦，真是個笨得不自知，還自以為聰明的傢伙。」老紳士的笑聲自他的鬍鬚穿透而出，他說：「孩子，我們不騎馬，我們是來買馬的。」當下，我立刻退掉騎馬課程。

艾迪和莎朗是610 Magnolia的創始人，我後來接手的傳奇餐廳。就是他們要我離開紐約，到路易維爾重啟爐灶。二〇〇二年我到此一遊時，他們在我身上，看到我自己看不見的東西：想要成功的意志。我渴望成功但已心力交瘁；充滿好奇卻又感到厭倦。他們提供我再出發的機會，想把過去二十七年，以他們才做得到的優雅和大膽不馴，所呵護養成的掌上明珠——610 Magnolia交給我。誰能拒絕這種機會呢？嗯！我拒絕了。我留在紐約，待在一家我已不想待的餐廳，醉生夢死地過日子。每隔幾個禮拜，艾迪會打電話來聊表關心，他一直在揣度我的悲慘指數。某個週末，他隨口說，有個叫布魯克的先生剛好行經紐約市，建議我跟他吃頓午餐，我好歹知道不能拒絕。

當布魯克打電話給我時，我正在將一隻雞大卸八塊。他很謹慎且彬彬有禮。我們能從別人邀請吃午餐的方式，輕易看出對方的身分地位。他沒有絲毫猶疑不決，不是那種

「嗯！我在想要不要去試菜……」他邀請的方式比較像「我中午在Balthazar訂了兩個人的位子」。於是我洗把臉，然後盡力裝出一副「我酷到懶得盛裝出席這頓午餐，但為了以示尊重換上乾淨襯衫，而你如果認識我，就會知道我從不輕易為別人穿上乾淨白襯衫」的樣子。我們坐下來，開始吃著生蠔。布魯克並不急著開口，他先讓我說想說的話。然後我們喝教皇新堡（Châteauneuf-du-Pape）葡萄酒，吃著牛排薯條時，我準備好接招他的提案話術，一些關於數字、百分比，諸如此類的內容。然而，他卻談起火車，以及車子是如何駛離車站的，而當火車離開車站時，你人要不在火車上，要不就是被留在月台；他還聊著馬、騎師，和在贏家身上下注，以及有時你必須墊底出發，好在開始衝刺前，先看清整場賽事。我們開了第二瓶酒。他聊起音樂、現代藝術和加州酒。一切都是肯塔基式的寓言，我意識開始模糊，心想：「他說的這些，到底和我有什麼關係？」布魯克描述著我的成功，彷彿一切已成定局，好像我人已經在肯塔基。他滔滔不絕地說著，一句話又帶出十句話。當我終於從酒杯抬起臉時，我就像朝聖者見到教皇那樣，和他握著手。「歡迎來路易維爾！」他說著，露出笑容。

那就是我來到這裡的經過。

自從放棄騎馬後，便渴望做些別的。打獵是清單上的下個目標。有人警告，可能會因為離獵殺過程太近，而對禽鳥失去胃口——那種暴力可能令人難以接受。這我也擔心過。我成長的地方，槍枝是用來對付人類，而不是動物。當一切所需都在超市裡整齊乾淨地包裝好了，幹嘛還出門到野外獵殺動物呢？狩獵說好聽點是不人道，說難聽點，是一扇能窺視人類靈魂墮落的窗口。

「歡迎來路易維爾！」

第一次獵鴨行，我在黎明前就抵達，穿著牛仔褲和連帽上衣，帶著一小瓶我從凌晨四點就開始啜飲的波本威士忌。液體勇氣總比沒有勇氣好。全場我只認識邁克，他把我介紹給其他成員，我們在吉普車大燈照耀下一一握手。然後一行人開著儀表板上散放幾包牛肉乾和Skoal Bandits菸草嚼片的車，朝辛普森維爾出發。

除了找到最近的池塘以外，在獵鴨之前，還有許多必做的準備。得先預想鴨子的飛行模式、擺放好誘餌、替埋伏處找到掩蓋物、測試鴨笛，並填裝好12號口徑獵槍——這些動作多半在黑暗中進行。我們匆匆喝一口波本威士忌，閃進埋伏處時，剛好看見黎明的第一抹光自楓樹間灑落。我把一小撮菸草塞進嘴裡頰側，等待著水鳥現身。埋伏處只有我一人，保險解除的獵槍靠在右肩上，隨時可以射擊。我聽見其他人你來我往地開著玩笑，但隔空喊話的聲音聽起來很遙遠。離我最近的，只有自己的呼吸聲。我擔心無法快速地從埋伏處跳出來開槍射擊。完全沒有時間瞄準，五枝獵槍同時朝著一群鴨子開火，要是我沒射中怎麼辦？如果我在牠們靠得夠近之前，把牠們嚇飛怎麼辦？這時我卻睡著了，然後聽到有人叫我，我回答說沒事，他們聽到我在打呼。我尿急，但根本不敢講要離開埋伏處。天空是進行戶外野餐最完美的顏色。我想像著：我有多愛瑞可達乳酪鬆餅，和切片好的新鮮哈密瓜，我想在它們爛糊掉、吃起來像冰箱味以前好好享用。

突然間，邁克吹起鴨笛，克里斯開始搖著旗子，其他成員也一起跟進吹鴨笛。我把手指輕放扳機上。北邊飛來一小群鴨子，以慢動作從我們旁邊飛過，然後消失在樹林深處。「牠們會再回來的。」邁克說，他不斷對著一片萬里無雲的天空吹著鴨笛。果不其然，牠們更近一些。牠們在天空盤旋排出寬闊弧形，傾斜飛行，然後再回到原來的飛行路線。接著消失在我身後好久，久到以為牠們已飛離，但牠們再次返回，愈發靠近。一度因為陽光的照耀，而跟丟牠們的蹤影，但我聽得見叫聲。鴨笛聲越來越高亢，我都被嚇到了。牠們差不多在三十公尺遠的地方，展翅飛行，雙腿伸展，儼然像降落時的起落架。埋伏處被掀開，我聽見許多槍聲同時響起——我大概慢了半拍。我看到羽毛和屍體四散掉落，我還有最後一槍，但因為靠得太近，這次槍的後座力反彈打在我右臉頰。我甩甩頭，試圖甩掉痛感，一時半刻什麼都看不見。當我眼前的煙霧消散後，我發現射中了一隻誘餌，它被打得支離破碎。

大家看到那誘餌後，全都笑得前俯後仰。事實上，誘餌殘片被當做我的第一個獵物送我。我們處理了三隻真鴨，放在冰桶裡冰鎮，然後坐下來吃起早餐。聊天話題轉到如何烹調不同的禽鳥，從鴨子、野火雞、石雞到鴿子。每次狩獵都有其專屬語言和信念，每一次都是不同的刺激，後來我意識到，與其說他們是狂熱分子，不如說他們是美食家。他們之中有律師、房地產經紀人和貿易商。但專業之外，他們是一群同好的男人，共享著完成盛宴的過程。能被接納，一起大笑，這感覺真好。回家時，他們送我一程，還送了幾袋冷凍好的、過去的狩獵戰利品，幾天後，我料理了野雞和餃子、炸鵪鶉、鹿肉迷你漢堡和烤鴨回贈。那晚我們盡情大吃大喝。沒有另一半、沒有外人。只有我們就著幾瓶酒、威士忌和說不完的故事，有些故事離奇到連說的人都頻頻笑場，沒辦法正經地說完。

路易維爾的問候有時候感覺像是擁抱。一開始來到這裡，每當我出城後歸返，艾迪和莎朗總會對我說：「歡迎回家！」即便我並不相信，但聽到這樣的話，感覺還是很好。我開始學會發自內心問候別人，一切都好嗎？我會向路人甲揮手，而他們也會回以同樣的方式。真是太神奇了！我愈把路易維爾當成家，我愈是對她的歷史及周遭環境所能提供的事物感到好奇。我熱切地想探索我廚房四面牆之外的世界。很快地，我也得以探索那個兔子洞，直到最深處。

香煎雞肉餅鮮橙花生拌飯
佐味噌雷莫拉蛋黃醬

這則食譜裡的雞肉餅，混入了能讓口感更輕盈，同時增添幾許蔬菜風味的白蘿蔔絲。雞肉餅並不僅限於這道菜，把它整成肉丸就是超棒的鹹點；或是捏成更大塊的厚圓碟形，就是一個銷魂雞肉堡的絕佳起步。味噌和雞肉是天作之合，黃豆發酵後的堅果鹹香，和雞肉的溫和奶脂形成很好的對比。拜託！請務必使用有機雞肉。既然已知道商業養殖的肉雞，含有太多荷爾蒙和抗生素之後，實在沒有不用有機的藉口。

4 人份主菜或 6 人份開胃菜

RICE BOWL WITH CHICKEN, ORANGE, PENUTS, AND MISO RÉMOULADE

味噌雷莫拉蛋黃醬

- 2大匙紅味噌
- 1大匙麻油
- 80毫升現擠柳橙汁
- 1/2小匙醬油
- 1/2小匙糖
- 60毫升完美雷莫拉蛋黃醬（請看第18頁）

雞肉餅餡料

- 15盎司（450克）雞絞肉 有機雞胸絞肉尤佳
- 1/2杯白蘿蔔絲（請看筆記）擠去多餘汁水
- 1顆蒜瓣，磨泥（microplane刨器可代勞）
- 4小匙麻油
- 2小匙醬油
- 2小匙全脂牛奶
- 1小匙伍斯特辣醬
- 1小匙楓糖漿

步驟

1 製作味噌雷莫拉蛋黃醬：取小碗，放入味噌、麻油、柳橙汁、醬油和糖，攪拌直到成為均勻混合的滑順醬汁。再拌入雷莫拉蛋黃醬，放冰箱冷藏。

2 製作雞肉餅：將雞絞肉放入大碗裡，再加入所有食材，以手攪拌均勻。捏成約五十元硬幣大小的迷你肉餅，排放在烤盤上。

3 以中火加熱大煎鍋，再放入 1 大匙橄欖油，在不過於擁擠的前提下，盡可能放入愈多肉餅，每一面煎到熟美焦香，約 3 分鐘。移放至鋪上紙巾的盤子上瀝油。以同樣方式處理完所有雞肉餅。

4 盛盤時，將米飯添入碗裡，每碗放上 2 到 3 個雞肉餅，旁邊放幾片柳橙片，舀約 1 大匙味噌雷莫拉蛋黃醬在雞肉餅上，放適量綠豆芽，撒些花生碎和海苔絲。立即以湯匙享用，建議先混拌一番再開吃。

- 1/2小匙魚露
- 3/4小匙鹽
- 1/2小匙現磨黑胡椒粉
- 1/2小匙糖
- 3根青蔥，切碎

- 約60毫升橄欖油，油煎用
- 4杯白米飯（請看第16頁）
- 1顆柳橙，去皮去白膜後切片
- 60克新鮮綠豆芽
- 約50克（1/4杯）花生碎
- 1張海苔片，切細絲

如果買不到白蘿蔔，可用蕪菁塊根取代。

味噌燉雞

這則食譜再次讓味噌和雞肉完美搭檔（請看第 86 頁），不過是以一種截然不同的表現方式。燉煮讓雞腿肉完全吸飽味噌湯汁——那已被慢燉到幾乎神似花生醬風味的味噌。雞肉入口即化，每次我做這道菜，總是會看到有人跑回廚房搜刮鍋底的所有餘料殘汁。我建議製作多於需求的分量，把剩餘放入保鮮盒，置冰箱冷藏，至少可保存五天。4 人份主菜

MISO-SMOTHERED CHICKEN

食材

- 1/2杯中筋麵粉
- 1小匙猶太鹽
- 1小匙卡宴紅椒辣粉
- 1小匙蒜粉
- 4隻帶骨雞腿排
- 2大匙蔬菜油
- 2杯洋蔥碎
- 1大匙蒜碎
- 80毫升波本威士忌
- 480毫升雞高湯
- 120毫升現擠柳橙汁
- 2大匙醬油
- 1大匙紅味噌
- 240克鮮香菇
去蒂，切細條
- 米飯，盛盤用
- 鳳梨醋漬豆薯（請看第184頁）

步驟

1 取一淺盤，放入麵粉、鹽、紅辣椒粉和蒜粉，略混拌。將雞腿均勻裹上香料麵粉。

2 中型鑄鐵荷蘭鍋以中火熱油鍋，直到開始冒煙。將雞肉放入鍋裡，帶皮面朝下香煎，翻面，直到兩面呈金黃色澤，約 8 到 10 分鐘。將雞腿移放在鋪有紙巾的盤子上。

3 鍋裡留下約 2 大匙油脂，其餘倒掉。放入洋蔥，以中小火煎炒，時不時翻拌，直到熟軟金黃，約 12 到 15 分鐘。放入大蒜，炒 1 分鐘。倒入波本威士忌，煮至水分完全蒸發，約 2 分鐘。

4 倒入雞高湯、柳橙汁、醬油和味噌，煮至微滾。將雞腿放回鍋裡，蓋上蓋子，微滾煮直到雞肉熟軟，約 30 分鐘。

5 放入香菇，不加蓋，繼續慢慢滾煮，直到香菇柔軟，醬汁收汁到差不多接近肉汁淋醬的稠度。和米飯及鳳梨醋漬豆薯一起享用。

味噌

味噌在亞洲烹飪裡隨處可見。在中國叫豆醬，韓國叫大醬。多數大量生產味噌的主要原料是黃豆和米，再混合米麴（koji，一種分解蛋白質的催化酵素）和鹽之後，靜置數個月使其進行發酵，有些味噌也來自小麥、大麥、蕎麥或小米。我住在查爾斯頓的朋友尚恩．布魯克（Sean Brock）會發酵胡桃和黑核桃製作味噌。

如同許多我天天使用的亞洲調味料，不管加進哪道菜色裡，味噌都能帶來縈繞不散的鮮味元素。味噌種類繁多，但最主要的分類就是淺色的白味噌及深色的紅味噌。白味噌事實上是金黃色，味道細緻，我多半用在完全不加熱或稍微加溫的食譜，像油醋汁、沙拉醬和清淡湯汁裡。顏色近似桃花心木的紅味噌，我會用在需要長時間煮就的燉煮或湯料理，或者在烤箱裡以上火高溫炙烤時用的塗醬抹汁。品牌或是標籤上有看沒有懂的日文，則無需太在意，只要記得以上兩大類，採買味噌就不會出錯了。

薯香填料烤雞

完美烤雞一直是我的罩門。要在把雞胸烤到乾柴前，將雞腿烤得熟透，簡直是不可能的任務。所有能試的食譜，我都試過了，但沒有一個令我百分百滿意。後來我開始在家裡廚房，實驗這則食譜裡的技巧（請看翻頁的步驟圖）。一切都非常合理：馬鈴薯隔絕了雞胸，雞皮的油脂為馬鈴薯增添滋味，使雞胸能一直保持潤澤，馬鈴薯則順勢成為額外的配菜。我至少用過二十種以上不同的變化試做這食譜，底下收錄的，是我的最愛。簡單到在睡夢中都能搞定。我最新的調整是省略綑綁雞爪的步驟。烤雞成品可能看起來賣相不佳，但讓雞爪自由伸展，可讓雞大腿部位有更好的空氣流動，雞皮因而更酥脆，肉也更快熟透，並且和被馬鈴薯隔絕的雞胸，譜出一個同步和諧完烤的節奏。

想來個極致療癒食物晚餐的話，烤雞可以搭配薑香波本蜜汁紅蘿蔔（請看第227頁）和羽衣甘藍與培根湯匙麵包（請看第216頁）。4 人份主餐

POTATO-STUFFED ROAST CHICKEN

食材

- 1顆大育空黃金馬鈴薯（約330克），去皮
- 1大匙無鹽奶油
- 2又1/2小匙猶太鹽
- 3/4小匙現磨黑胡椒粉
- 1隻約1.5公斤左右全雞
- 2小匙橄欖油

步驟

1 將刨絲器靠在砧板上，馬鈴薯從最大孔刨出粗絲，再全數包進乳酪棉巾裡，盡可能擰出水分。

2 取一大鑄鐵煎鍋，中火加熱融化奶油。放進馬鈴薯絲，以約 1/2 小匙鹽和 1/4 小匙黑胡椒粉調味，用木煎匙輕拌，煎炒 2 分鐘整，切勿超過。快速將馬鈴薯絲移置盤子上，放涼備用。

3 將一個烤架置於烤箱上方三分之一處，以攝氏 200 度預熱烤箱。

4 將全雞以腳朝向你的方向，置於工作枱面，從雞胸下方開始，輕手把皮與肉分離。先用一根手指伸到雞胸和皮之間，以左右滑動方式鬆脫皮與肉的連結。沒錯，這感覺有點滑稽，但繼續進行就對了。小心點，別把雞皮扯破，但如果稍微裂開，也沒什麼大不了，這不是世界末日。把雞換個方向，讓雞胸朝著你，以脖子開口處為起點，重複剛才將皮肉分離的動作，直到整個雞胸部位的皮與肉完全分家。

5 輕手將放涼的馬鈴薯絲，塞進雞皮和雞胸之間的縫隙（請參照右頁圖片）：一半從下方塞入，剩下一半從上方填進。現在稍微把馬鈴薯推平：將你的雙手放在雞胸上，慢慢以按摩動作，將因填入馬鈴薯的雞肉推移成平整的一層。用橄欖油塗抹整隻雞，並以2小匙鹽和1/2小匙黑胡椒粉調味。

6 拿廚房紙巾擦淨鑄鐵煎鍋，中火加熱。雞胸朝下，將全雞置於熱煎鍋上，用手將雞往下壓實，壓至底下雞皮染上些許金黃色，約3分鐘。輕輕幫全雞翻身，上方的雞胸應該有淡金黃色澤才是。將煎鍋放進烤箱，烘烤約50分鐘到1小時。查看熟度，拿一根溫度計，插進雞大腿前側厚實處。我喜歡的雞腿熟度是當溫度落在68度左右，但如果你不想雞腿有任何粉紅色澤，也許會比較偏好溫度落在71度。讓全雞在烤盤裡靜置至少10分鐘。

7 將全雞移放到砧板上，切下一副雞胸，小心別觸動到酥皮底下的馬鈴薯絲，將雞胸分切成三大塊，排在橢圓形大盤上，切下雞腿和雞翅，一併鋪排於雞胸旁。

> 一旦做過這道全雞，我敢掛保證你一定會一做再做。想做點變化的話，不妨在烹調馬鈴薯絲時，加1小匙新鮮迷迭香或百里香。

1. 以盒型刨絲器將馬鈴薯刨絲。

2. 擠出馬鈴薯絲的多餘汁液。

3. 在不撕裂雞皮的前提下，將馬鈴薯絲填塞進雞皮與雞胸間的縫隙。

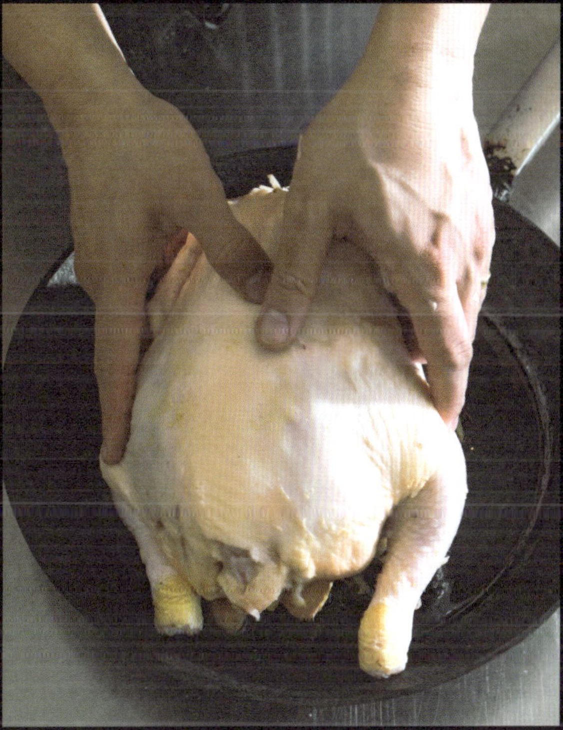

4. 雞胸朝下放入燒熱的鑄鐵煎鍋裡，煎香雞皮。

阿多波風味醋炸雞與格子鬆餅

我常在想，第一個想到把炸雞和鬆餅搭在一起的是哪個天才？但如果像這樣加上格子鬆餅，會讓你對吃炸雞更有吃早餐的氣氛的話，那我舉雙手雙腳支持。這食譜是菲律賓的阿多波調味，而非西班牙版。醋的使用讓濃口重味的炸雞輕盈起來，也有助消化。請依照你對辣的耐受度，自行調整辣椒多寡。

這是我心目中的靈魂食物代表。可以配上日本栗子南瓜乳酪通心粉（請看第214頁）和大道釀酒公司（Boulevard Brewing Company）的坦克七號（Tank 7）農莊愛爾啤酒。然後，如果我剛好到訪您鎮上，務必邀我上門作客。6 人份

ADOBO-FRIED CHICKEN AND WAFFLES

格子鬆餅

- 1杯中筋麵粉
- 1小匙糖
- 1小匙泡打粉
- 1/2小匙猶太鹽
- 1/4小匙煙燻紅椒粉
- 1/4小匙現磨黑胡椒粉
- 3大匙無鹽奶油 融化放涼
- 2顆大號雞蛋
- 240毫升酪乳

步驟

1 製作鬆餅：預熱格子鬆餅機，抹上薄油。於此同時，拿一中型碗，混拌麵粉、糖、泡打粉、鹽、紅椒粉和黑胡椒粉。另取一只小碗，將融化奶油、蛋和酪乳拌勻。一次少量，分多次將濕料倒進乾料碗裡，期間持續攪拌。

2 依照鬆餅機使用說明烤鬆餅。將完成的鬆餅切成約 5 公分的三角片。放在盤子上，置室溫，或者放在烤箱裡以低溫保溫，直到準備好享用。

3 製作蘸醬：將所有食材放在小碗裡，密封，置冰箱備用。

4 製作阿多波湯汁：取一大鍋，放入所有食材，蓋上密閉鍋蓋，中火加熱至微滾，滾煮約 5 分鐘，然後轉到最小火。

5 雞肉鋪排在工作枱上，以鹽調味。把雞肉放進微滾湯汁裡，蓋上鍋蓋，煮約 15 分鐘，中間幫雞肉翻一次面。你要的是微火慢煮，讓雞肉在煮熟的同時，吸收醬汁的滋味，所以請確保湯汁不過熱，保持在微滾狀態。熄火，不掀蓋，讓雞肉在湯汁裡放涼，約 20 分鐘。

蘸醬

- 60毫升水
- 3大匙現擠檸檬汁
- 2大匙楓糖漿
- 2大匙魚露
- 1大匙醬油
- 2顆鳥眼辣椒或哈瓦那辣椒細切

阿多波湯汁

- 600毫升蒸餾白醋
- 360毫升水
- 3顆蒜瓣，切碎
- 4片月桂葉
- 1又1/2小匙黑胡椒粒
- 1小匙糖
- 60毫升醬油
- 1/2小匙紅辣椒碎
- 1小匙鹽

炸雞

- 900克雞肉
  大腿和／或棒棒腿
  喜歡的話也可
  加上雞翅（謝絕雞胸）
- 鹽
- 480毫升酪乳
- 1杯中筋麵粉
- 1小匙煙燻紅椒粉
- 1/2小匙現磨黑胡椒粉
- 約1.1公升花生油，油炸用

6 從阿多波醬汁裡撈出雞肉（倒掉醬汁），移放到鋪有紙巾的盤子，將雞肉擦乾。

7 製作炸雞：將酪乳倒入大淺盤。取另一個碗，放入麵粉、1 小匙鹽、紅椒粉和黑胡椒粉，混勻。把所有雞腿或雞翅一一沾上酪乳，甩除多餘水分，撒上粉料，翻面，使其全面均勻沾裹。移放到另個大盤，室溫靜置約 15 分鐘。表面麵粉沾料會有點濕潤，這是好事。

8 在此同時，取一個夠深的大鑄鐵鍋，倒入差不多半滿的花生油。將油加熱至攝氏 185 度。一一油炸雞肉，每批 2 至 3 塊，約每分鐘翻一次面，酥炸約 8 到 10 分鐘，視肉塊厚薄大小而定。雞翅快熟，棒棒腿最慢。記得確保油溫維持在 177 到 185 度之間。當雞肉內裡溫度達到 74 度左右時，就大功告成。以夾子夾出雞塊，置於紙巾上瀝乾。再以些許鹽調味，移放到橢圓大盤上。

9 和格子鬆餅與蘸醬一起盛盤。趁熱開吃。

> 炸雞冷著吃也美味。隔天可以配上些許塔巴斯科辣醬和現擠萊姆汁享用。

在家油炸，四分之一守則

在自家廚房用一大桶油炸食物，是比較令人心驚膽顫的烹調任務之一。也聽過不少試圖在一大桶油中酥炸火雞，結果卻釀成火災、把房子燒了的故事。油炸時，有兩個重要的規則得記住。

第一是體積置換。主要意思就是，必須確保使用的湯鍋或平底鍋，足夠大到能容納所有炸油與準備酥炸的食物。第二是熱傳導。簡單來說，就是確保炸油夠熱。油炸的油得達到足夠高溫，能在炸物周圍形成強大的蒸氣才能成功，因為這層環繞住炸物的蒸氣，可以避免其吸收過多油脂。餐廳通常使用大型油炸鍋，因為除了一次得大量油炸，還得要快速連續操作。自家的話，一個倒入約5公分深炸油的厚實鍋具，或深底平底鍋，就能炸出完美的酥脆。最重要的關鍵在於，確保油溫千萬別低於理想的油炸溫度。一般來說，最低大約在攝氏160度，最高在200度左右。確保油溫穩定的最佳方法，是小量分批油炸。我有一個油炸守則，應該對你會有幫助：如果一次油炸的分量，會超過鍋子的四分之一高，那油溫很可能會劇烈下降，以致放入後難以迅速回升到炸得酥脆的理想溫度，不論再怎麼延長油炸時間也無濟於事。因此，如果一次的油炸量超過鍋子的四分之一，請記得分批下鍋，每批之間至少間隔2分鐘，給油脂足夠時間回溫。

其他油炸守則：

- 能密合炸鍋的鍋蓋隨伺在旁。如果油著火，請立刻熄火，並用鍋蓋蓋住鍋子，靜置幾分鐘使火焰熄滅。切勿試圖用水滅油火，那只會助長火勢。

- 不同油品煙點不同，請選擇高煙點的油。花生油是最佳選擇，但是其他像玉米油、芥花油、紅花籽油，或葡萄籽油也能勝任。我也強烈推薦動物油如豬油來油炸。

- 密切監控油溫：如果油開始冒煙，表示溫度過高；如果溫度計顯示的油溫沒有過熱，那你可能選錯油了。

- 剛出鍋就立刻撒鹽。炸物剛離鍋時撒鹽，能讓鹽更好地附著表面，如果等太久，鹽會從酥脆的表面滑落，最後全掉在砧板上。

- 務必將每批剛離鍋的炸物，移放在紙巾或網架上瀝油。或者更好的作法是，輕輕翻動幾次，讓冷空氣能流通於炸物之間。

- 油炸完畢，請試著清除油中所有殘渣，那些是破壞油質的罪魁禍首。如果保持乾淨，炸油可以重複使用幾次無妨。變質的油脂，顏色會變深，且有油耗味。千萬別再用來油炸食物。可將冷卻的油，倒回原始容器內，密封置於陰涼處備用。

- 用手吃炸物，味道更銷魂！

肯塔基炸鵪鶉

禽鳥以二次烹煮的技巧油炸，會使口感加倍酥香。一如阿多波風味醋炸雞與格子鬆餅（請看第94頁），這個食譜也是先水煮再油炸。這樣處理可以先逼出一些油脂並讓外皮緊縮。因此，油炸時間得以縮短，肉也不會炸過頭。請務必試試這個絕妙的料理技巧。鵪鶉總是被視為奢華食材，美美地被綑綁起來，以上好瓷盤盛裝。我特別喜歡把鵪鶉從那樣的框架裡拉出來，將它和蘸醬及風味鹽放在報紙上，請大家用手拆著吃。

這裡用的風味鹽，在中式料理極受歡迎，從爆米花到干貝的各種食物，都可用它來增添滋味。和醋漬大蒜佐糖蜜醬油一起享用更是美味加乘（請看第193頁）。4 人份開胃菜

KENTUCKY FRIED QUAIL

風味鹽

- 1/4杯海鹽
- 4小匙花椒
- 1大匙五香粉

蘸醬

- 2大匙醬油
- 1小匙糖
- 1顆現擠萊姆汁

- 半去骨鵪鶉4隻（請看筆記）
- 480至720毫升花生油
  油炸用

> 半去骨是指已經被去掉部分骨頭，只餘下翅膀和腿骨的鵪鶉。如果你買到野鵪鶉，只要去掉背骨，將胸肉留在胸骨上即可。

步驟

1. 製作風味鹽：將所有食材倒進香料研磨器或果汁機裡，磨成細粉。移放入小碗。

2. 製作蘸醬：將所有食材放入另個碗裡，拌勻。置室溫備用。

3. 將約1公升的水倒入寬鍋，煮至沸騰。舀入 1 大匙風味鹽。放進鵪鶉，微滾煮 2 分鐘。取出放在紙巾上，將鵪鶉上的水分完全擦乾，移放菜盤上。

4. 取一個夠深的厚實鍋具，中大火加熱花生油（倒進幾乎足以淹沒鵪鶉的油量）到差不多攝氏 200 度。一次一隻依序油炸，鍋蓋隨伺在旁，如果油噴濺得太厲害，趕緊把鍋蓋蓋上。每隻鵪鶉油炸 1 分鐘後翻面，續炸 30 秒。應該很快就炸得酥脆，變成油亮的深琥珀色。取出放在紙巾上瀝乾，再以更多紙巾拭淨油脂，然後立即在鵪鶉全身撒上風味鹽。重複以上步驟，直到炸完所有鵪鶉。

5. 和蘸醬及風味鹽一起盛盤享用。

雉雞麵疙瘩

野生鳥類的肉質，一般會比農場飼養要精實粗韌些。雖然烹煮時間久一點，但風味永遠更加飽滿。不過這則食譜我以農場飼養的雉雞試作過，畢竟那是比較可能買到手的選擇。如果可以取得野雉，那就把烹煮時間延長 20 分鐘。

這款麵疙瘩拜新鮮辣根之賜，多了一味鮮明強悍的味道。新鮮辣根在多數美食專賣店都買得到。市售調味辣根裡，添加太多糖和醋，不大適合用在這裡。如果買不到新鮮辣根，就直接省略。有時，直接省略比找到一個次級替代品好。這道燉菜請配一大杯貝爾酒廠（Bell's Brewery）的冬日白艾爾啤酒（Winter White Ale）。4 人份主菜

PHEASANT AND DUMPLINGS

雉雞

- 2大匙無鹽奶油
- 1杯洋蔥，略切
- 2根西洋芹，略切
- 1杯紅蘿蔔丁
- 2顆蒜瓣，切碎
- 2大匙中筋麵粉
- 約2公升雞高湯
- 480毫升乾白葡萄酒
- 1隻雉雞（約1公斤左右）剖半
- 180克蠔菇
- 2杯奶油胡桃南瓜丁
- 1小把新鮮鼠尾草，切碎
- 1小把新鮮百里香，切碎
- 1杯冷凍甜豆仁
- 海鹽和現磨黑胡椒粉

步驟

1 烹煮雉雞：取大鍋以中火加熱奶油，直到冒細泡。放入洋蔥、西洋芹、紅蘿蔔及大蒜，炒至軟化，約 4 分鐘。

2 將麵粉放入熱鍋，炒製麵糊，約 1 分鐘。轉中小火，倒入雞高湯和白葡萄酒，不斷攪拌，煮至微滾。放進剖半的雉雞，不加蓋，煮約 1 小時又 15 分鐘，時不時撈掉浮沫，直到肉質地柔軟骨，骨肉分離。

3 小心將雉雞從鍋子取出，移到砧板上，放涼約 5 分鐘，然後將肉從骨頭上剝下，以手撕成粗絲。將肉絲放回鍋裡，骨頭丟棄。

4 放入蠔菇、奶油胡桃南瓜、鼠尾草和百里香，小火滾煮 15 分鐘。

5 在此同時，製作麵疙瘩：將麵粉、泡打粉和鹽，放進碗裡，加入辣根、鮮奶和奶油，以木匙混拌均勻。只需要用力快速拌幾次即可。麵團質地會有點粗糙結塊，沒關係。千萬忍住想繼續攪拌的衝動，不然最後會做出一顆顆平塌，質地如橡膠的麵疙瘩。

6 用一支湯匙挖取麵團後一一滑進高湯裡，加入甜豆仁，繼續小火滾煮約 12 分鐘，或直到麵疙瘩熟透。以鹽和黑胡椒調味。

7 將燉湯舀進溫熱湯碗裡。以西洋芹葉裝飾，撒些紅辣椒碎，與酥脆麵包一起享用。

> 像這樣的燉菜料理，最後一個步驟永遠是試味道，以鹽和黑胡椒調整最後的鹹淡。慢煮料理恰恰是我的心頭好，每煮幾分鐘，風味即會變化劇烈，在盛盤上桌前再做一次調味至關重要。有時候，一道好菜和一道好到極點的料理，差別就在幾撮鹽而已。

麵疙瘩

- 1杯中筋麵粉
- 1小匙泡打粉
- 1小匙鹽
- 1大匙現磨辣根
- 80毫升全脂鮮奶
- 1大匙無鹽奶油，融化

- 數小支西洋芹葉，裝飾用
- 紅辣椒碎
- 酥烤麵包，盛盤用

熱布朗式
煨燉
火雞腿

我搬到路易維爾之後，經常被問到的第一個問題是：「你試過熱布朗沒？」彷彿吃熱布朗三明治，是個強化自己為正統路易維爾人的儀式。關於熱布朗的起源是這樣的：有間布朗飯店在一九二〇年代發明了這道菜，從此人們的褲腰皮帶尺碼不斷延展。熱布朗是個貨真價實的巨無霸三明治：德州厚片吐司、火雞肉、培根、乳酪和肉汁淋醬。能整個完食是了不起的成就。也差不多是一年做一兩次即可的行為。

這食譜是我對熱布朗的詮釋，但沒那麼令人望之生畏，且美味可口不打折。吃完極度飽足，所以需要一杯以古典杯盛裝、加入幾顆冰塊的辣波本威士忌調酒來平衡。4人份主菜

BRAISED TURKEY LEG, HOT BROWN-STYLE

食材

- 4條厚切培根，切碎
- 2大匙無鹽奶油
- 2隻帶骨火雞棒棒腿（約900克）
- 海鹽和現磨黑胡椒粉
- 2根紅蘿蔔，切細丁
- 2根西洋芹，切碎
- 2根韭蔥，取嫩白段，細切
- 3大匙甜高粱糖漿
- 480毫升市售蘋果原汁
- 240毫升雞高湯
- 2小根鼠尾草
- 2片德州厚片吐司（可以一般白吐司替代），切成約1.3公分厚的矩形麵包丁
- 2/3杯半硬乳酪磨絲譬如高達乳酪

步驟

1 以攝氏165度預熱烤箱。

2 中火加熱鑄鐵荷蘭鍋或大鑄鐵煎鍋。放入培根，煎到油脂釋出，變得酥脆，約4到6分鐘。取出培根，置於紙巾上瀝油，保留鍋裡的培根油脂。

3 放入奶油，以中火融化。將鹽和黑胡椒粉豪邁撒在火雞腿上。放進熱鍋裡，煎到整體呈金黃色澤，約8到10分鐘。將火雞腿移放盤子。

4 留下2大匙培根油脂，其餘倒掉。放進紅蘿蔔、西洋芹和韭蔥煎炒，時不時翻拌，直到蔬菜開始染上深棕色，約5分鐘。

5 將培根和火雞腿肉放入鍋裡，倒入甜高粱糖漿、蘋果原汁和雞高湯，煮至微滾。放進鼠尾草，蓋上鍋蓋，放入烤箱，烘烤約45分鐘。

6 察看火雞腿。如果沒有完全浸在湯汁裡，請幫火雞腿翻面，再蓋回鍋蓋，續烤 35 分鐘，或直到骨肉分離。將火雞腿放到盤子上，稍放涼。將燉汁置旁備用（不關烤箱）。

7 於此同時，將麵包丁平鋪烤盤上，進烤箱烤個 8 到 10 分鐘，直到稍稍染上咖啡色澤，從烤箱取出。

8 剝下火雞腿外皮，丟棄。將肉從骨頭上剝下來，以手略撕成絲。

9 盛盤時，將火雞腿肉分配到四個碗裡，將乳酪加進燉湯，攪拌混勻，再以鹽和黑胡椒粉調味。舀大約 120 毫升燉湯進每個碗裡。上頭放些麵包丁、1 大匙番茄丁、一小撮新鮮香草碎和些許培根碎。最後再撒一點煙燻紅椒粉。立即享用。

盤飾

- 1/2杯番茄丁
- 新鮮鼠尾草和百里香，切碎
- 2片培根
  煸到香酥脆口，剝成碎丁
- 煙燻紅椒粉

如果你用的是市售低鹽雞高湯，我會建議多個濃縮步驟增強風味。將高湯倒入鍋裡，以大火煮至約1/3的量即成。濃縮雞高湯可以在冰箱裡保存一週。

蜜汁烤鴨

這是道多數人只會選擇在餐廳吃的菜色。為了把偏繁複的傳統食譜，簡化成在家不難製作的版本，我烤了無數隻鴨。為什麼要如此麻煩？嗯，我認為沒有什麼比和一桌親朋好友一起，將一隻烤鴨大卸八塊更好玩吧！我會用許多調味料蘸醬搭配。我喜歡豐足，也喜歡一起搶食的氣氛。請努力買到一隻頭腳完整的鴨子。鴨脖子有夠美味！而且擺盤很有氣勢。

多邀請幾位朋友，開一些青島啤酒，幾瓶茉莉杜克酒莊（Molydooker）的希哈紅酒（Shiraz），及一瓶品質可靠的威士忌，然後盡情享受人生。6人份主菜

HONEY-GLAZED ROAST DUCK

烤鴨

- 1隻2公斤左右的鴨子
- 1/4杯猶太鹽
- 15顆蒜瓣，去膜
- 鹽和黑胡椒

蜜汁

- 120毫升蜂蜜
- 2大匙現擠柳橙汁
- 2大匙醬油

盛盤（以下任選或全選）

- 辣醬（請看隔頁）
- 粵式海鮮醬
- 鳳梨醋漬豆薯（請看第184頁）
- 波本醋漬墨西哥青辣椒（請看第187頁）
- 數枝新鮮香菜
- 數枝新鮮羅勒
- 小黃瓜切片

步驟

1 烤箱以攝氏165度預熱。

2 取出鴨胗等內臟，保留熬煮備用的高湯（請看筆記）。在水龍頭下以冷水沖淨鴨子，擦乾水分。取一把極鋒利廚刀，在鴨胸上割劃出對角平行交叉紋路。基本上，我就是讓刀子的重量帶領，往下落入鴨胸脂肪，然後順勢輕輕劃刀而過，小心別劃進肉裡。將鴨子置於濾盆上，整體放在水槽。

3 取一醬汁鍋，倒入約1公升水和鹽，加熱至沸騰。連鍋帶滾水拿到水槽邊，用手上有的最大湯勺，慢慢舀熱水淋於鴨身。這感覺很像在幫鴨子做spa，鴨皮會收縮微捲。如此作法可以在不烹煮鴨肉的前提下，逼出油脂，烤出來的鴨皮會加倍香酥。

4 將蒜瓣散放在一個大鑄鐵煎鍋或烤鍋四周。以鹽和黑胡椒調味。鴨胸朝上，把鴨子放在烤具裡的蒜瓣上，烤約45分鐘。

5 將鴨子翻面，續烤15分鐘。再翻一次面，使鴨胸再度朝上，再烤15分鐘。

6 在此同時，製作蜜汁：取小碗，混合蜂蜜、柳橙汁和醬油，拌勻。

7 將烤鴨連盤取出烤箱，小心傾斜，盡可能把鍋裡鴨子釋出的鴨油，全數倒在另碗裡（裝入玻璃瓶，蓋緊，置冰箱冷藏。留待未來烤馬鈴薯或製作蛋料理，款待值得並懂得欣賞珍饈的好友）。豪邁大氣地將蜜汁抹在鴨胸或鴨腿上。調高烤箱溫度到230度，續烤約15分鐘，重複塗上蜜汁一到兩次，直到用完蜜汁為止。

8 將烤鴨取出烤箱，以鍋底殘留汁液再次塗抹於烤鴨上。連同所有調醬配料和烤大蒜，立刻上桌開吃。

完食烤鴨之後，請把骨架子留下來，熬煮可用於湯品和燉菜等菜色的香濃備用鴨高湯。可在隔天，把鴨胗等內臟和骨架子放進湯鍋裡，以水淹沒，加些辛香料如洋蔥、紅蘿蔔、月桂葉和幾顆八角。加熱至滾，小火慢煮約2小時，濾出湯汁。湯汁放在密閉容器裡，冷藏可保存一週。

辣醬

可製作將近一公升

食材

- 450克混合辣椒
  如墨西哥紅辣椒
  鳥眼辣椒和哈瓦那辣椒
- 6顆蒜瓣
- 480毫升蘋果醋
- 1罐紅牛能量飲
  約250毫升
- 240毫升水
- 60毫升粵式海鮮醬
- 1/4杯糖
- 4小匙魚露
- 4小匙麻油

步驟

1 去除所有辣椒蒂頭。將麻油之外的所有食材，放進中型鍋子，蓋上鍋蓋，煮至滾，轉小火，微滾煮約15分鐘。

2 將鍋裡的辣椒汁料倒入果汁機，攪打至滑順，必要時加點水，使其達到流動醬汁狀態。倒入麻油拌勻。倒入玻璃瓶裡，密封置冰箱。可保存一個月。

我的餐廳廚房裡，我們經常喝紅牛，以撐過那些提不起勁的下午時段。有時候，它感覺像是廚房裡很理所當然的存在，讓我總想以不同的方式運用在食譜裡。以前習慣用薑汁汽水做這款辣醬，但我更喜歡紅牛做出來的風味。甜美帶著柑橘香的紅牛，還有大量咖啡因。如何能不愛？如果你是屬於那種對這款飲料敬謝不敏的人，就用薑汁汽水或雪碧替代。

雞肉絲
鄉村火腿
越南河粉

越南河粉是那種做起來貌似很容易，而料理得當時更會帶來驚人滿足感的菜色之一。基本上，就是一道在越南無所不在的清澈肉湯料理。但是熬煮上好湯頭，很像赤裸裸地站在觀眾面前：毫無遮掩，沒有華麗點綴，也沒有醬汁掩飾錯誤。完全靠食材的新鮮、料理技巧和耐心。一道絕佳的越南河粉，一兩滴辣醬是極限，超過就是一種冒犯了。4 人份主菜

CHICKEN AND COUNTRY HAM PHO

高湯

- 2顆洋蔥，剖半
- 1長段薑（約7.5x2.5公分）切薄片
- 4顆丁香
- 2顆八角
- 1大匙香菜籽
- 1大匙黑胡椒粒
- 1隻略重於1公斤的全雞切四大塊，去皮
- 約3公升水
- 2大匙魚露
- 1大匙糖

- 180克河粉
- 2杯新鮮綠豆芽
- 1/2杯新鮮九層塔
- 1/2杯新鮮香菜
- 2顆塞拉諾辣椒，切細
- 4片鄉村火腿或義大利火腿
- 4片萊姆瓣
- 辣醬，盛盤用

步驟

1 以上火炙烤功能預熱烤箱。將洋蔥和薑放在以鋁箔紙包裹住的小烤盤上。約離火源約 7 到 10 公分處。其間翻一次面，直到表面烤出漂亮焦黑，約 5 到 7 分鐘。移放進大湯鍋裡。

2 取一小平底鍋，以中火乾煸丁香、八角、香菜籽和黑胡椒粒，直到釋放出香氣，約 2 分鐘。放進高湯鍋裡，下雞肉塊、水、魚露和糖，加熱到微滾。續滾煮，勤快地撇除表面浮沫，直到雞肉熟透，約 30 分鐘。將雞肉塊從湯鍋取出，繼續滾煮高湯，將雞放到大盤子上稍放涼。

3 當雞肉放涼到觸摸不燙手時，將雞胸和雞腿的肉剝粗絲，放到另一個大盤裡，以保鮮膜封住，放入冰箱冷藏。將雞骨再放回高湯鍋裡。

4 繼續小火滾煮高湯，直到稍微收汁且滋味豐富，約 1 小時 15 分鐘。以鋪上濾布的濾網過濾出湯汁，丟棄雞骨和蔬菜。

5 於此同時，將河粉放進耐熱大碗裡，注入滾水淹沒，浸泡約 3 分鐘，瀝出河粉。

6 將河粉及高湯均勻分配到四個湯碗裡，上頭鋪上雞肉絲、綠豆芽、九層塔、香菜、辣椒和鄉村火腿。或者僅將湯及米粉放在湯碗裡，配料置於另個盤子上。擠上萊姆汁，和幾滴最愛的辣醬，上桌享用。

工藝師

羅伯・克里夫特（Robert Clifft）是少數能製作仿火雞狩獵笛和箱型火雞狩獵笛的大師級人物。他住在田納西州的波力瓦，也在那裡工作。他製作的火雞狩獵笛，簡直就是藝術品，以桃花心木、雪松、白楊或白胡桃樹全手工雕刻。每一組都不同，需要時間練習使用。他的狩獵笛仿聲，像到讓我渾身起雞皮疙瘩。每當我下午的休息空檔，就會打電話給他，打開擴音，然後各自拿著火雞狩獵笛坐下來練習，他會要我模仿他發出的叫聲。已經有好幾個人問我，是不是在辦公室裡養了火雞。

「有人說獵殺老火雞的最佳方法是，找到一隻願意赴死的獵物。你可能狩獵無數次，但都空手而回。耐心是必要的。你就像是在牠的客廳打獵，牠有一整天時間跟你耗。據說鹿和火雞的不同在於，鹿以為每個人就是一根樹樁，而火雞認為每根樹樁都是一個人。」

——羅伯・克里夫特

仿火雞啼叫大師及火雞箱型狩獵笛製作師

箱型狩獵笛有個名副其實的美名：

「最後的呼喚」

PIGS & ABATTOIRS
豬與屠宰場

韓國迷信——
如果夢到豬，表示好運
即將來臨。

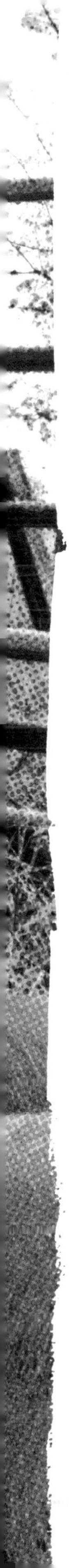

現在，很難想像任何夠水準的餐廳

不致力於與在地農場建立關係，這麼做只是一種責任。對我而言，菜單不過是一份書面承諾，告知我們將會盡最大努力，以季節蔬果烹調，從信任的農家採買食材，與那些努力把我們對土地的汲取消耗，同等量回歸於土地的供應商培養良好關係。作家身兼政治活動家、人文主義者和農人身分，同時也是哲學家的溫德爾·貝瑞（Wendell Berry）曾說過：「飲食是一種農業行為。」

沒有任何一句話，對我的職涯有過更巨大深遠的影響。貝瑞把一種被動的日常作息，翻轉成一個生態、政治與道德使命。對一般人來說，這或許是你在大口咬下墨西哥捲餅時，最不想思考的事情（我也曾是），但因為身為美食廠商，職責不僅是提供美味的食物，我必須追溯食材來源，確保每個環節都經過嚴格審查，不只符合美國食品藥物管理局（FDA）的標準，更得讓身為廚師的我感到安心。這是驅動「從農場到餐桌」運動的理念。

若要說這場正向積極的運動中，真有讓我感到不安的地方，就是在農場與餐桌之間有個被忽略的大缺口，而那個失落的環節就是屠宰場。不然那隻快樂地搖著尾巴的小豬，是如何變成義式脆皮肉捲呢？它必須經過 FDA 認證的屠宰場——一個令人憎惡、「折磨」的代名詞。這些地方長久以來蒙著神祕面紗且不得見光，好讓我們不必感到罪惡地享受晚餐。路易維爾有個叫「屠宰鎮」的地方，起初我以為只是過去那些專門販售肉類給移民的肉鋪年代，所流傳下來的奇特名稱。然而，這裡實際上是 JB Swift 公司經營的大規模豬隻加工廠。每一天，屠宰鎮的特定時刻，空氣中總會瀰漫濃烈的豬隻氣味，並滲透衣服的每一根纖維裡；那是一種商業化屠宰的氣味。此地不會對外開放參觀，這並非農業行為。

我一般從路易維爾方圓的幾個農場購買豬肉：像是凱西·巴特羅夫在霍斯凱夫養的紅鬃豬，及位在拉格朗的阿胥伯恩農場（Ashbourne Farms）的杜洛克豬。有天我充當吉姆．費德勒的助手，幫他宰殺從印地安那州的羅馬運回來的古老品種黑豬。我滿驚訝當我詢問能不能協助屠宰時，吉姆只消一通電話打到博恩肉鋪，他們便毫無異議地同意了。吉姆是個仁慈又和藹，有滿腹故事可分享的傢伙。他養了一種稀有品種的豬，卻賣不了什麼錢。吉姆從來不準時，因為他校長兼撞鐘，飼養、運送和卸貨一手包辦。這天他開著拖掛拖車的白卡車，運了二十頭豬，清晨的冷冽，肯定會延緩他的車速，從他的農場過來，大約兩個小時車程。清晨五點，我則從老路易維爾出發，開車到位在肯塔基巴斯鎮的博恩肉鋪會合。這段路程開起來心曠神怡，沿途兩旁是崎嶇不平的山丘，間或穿插著常青樹叢及金賓酒廠（Jim Beam Distillery）排放至天空的蒸氣。座落在高速公路兩旁的房子，單調而令人感到孤寂。每次的吸氣吐息，都讓擋風玻璃起霧：就是這麼冷。

吉姆還沒抵達，我就已經先聞到豬的氣味。他們生活在特殊的土地上，更肥沃、更多綠地和三葉草。牠們在泥漿裡打滾，泥巴在羽毛般的毛髮上乾燥結塊。牠們的耳朵大到垂蓋眼睛，只看到抖動的豬鼻子。牠們聞起來像屎——一種富饒、肥沃且草本氣息的屎味。我們的首要任務是，將拖車上的豬隻移到圍欄裡。我是新手上路，更加延緩了整個作業。博恩的工作人員對於我的拖累也挺懊惱，我深有同感。一直到今天為止，我享受著將處理好的豬肉，烹調成可口食物的特權，但我從沒真正殺過豬。那樣的經驗，會讓我成為一個更好的廚師嗎？木匠需要親自去砍樹嗎？或許不必。但如果宰殺是一種儀式，那我必須親身經歷，而我發現，它不像儀式，比較像是一種過程。

我們從圍欄裡把豬一隻隻帶出來，送到屠宰區。在那裡，牠們會吃一記電擊棒，1.5 安培的電流傳送到脖頸處。大概需要兩三分鐘，豬才會停止踢動、掙扎。一旦死亡，豬的後腳會以鍊子吊起送到輸送帶上，接著被切開喉嚨放出全身血液。比較棘手的是必須確定動物已死，否則牠們將活生生經歷著被吊掛和放血的痛苦。這是多數動保人士憤怒的根源所在。

那也是促使我來到屠宰場的主因，我必須親眼見到這作業過程，參與這個連結農場到我餐桌當中的農業行為。我發現過程驚人地乏味。這些動物逐一被宰殺，即便每次的死亡都不盡相同，卻有種令人心煩意亂的可預測性。動物被放下、渾身顫抖，到口吐白沫，在一段從暴力到寂靜的例行過程中，生命離開了。在輸送帶跑完之後，每隻豬的屍體會歷經一場四分鐘約攝氏 65 度的燙毛浴，其間，會以橡膠刮板去掉豬隻所有毛髮。內臟被取出後，由美國農業部（USDA）的屠檢人員檢查是否有寄生蟲，再以噴槍燒去殘留毛髮。接著再放回輸送帶，以電鋸分切為兩半，洗淨，再噴灑乳酸溶液，然後送到一間冷卻室吊掛，為隔日的分切做準備。這整個過程不到十分鐘，由三名工作人員負責完成。

當工作人員吃午飯時，我溜到豬圍欄抽根菸。剩下的豬擠成一團，空氣裡迴盪著輕聲豬鳴。牠們已經習慣了人類，對我視若無睹。我替他們感到悲傷，倒不是因為牠們即將死去，而是因為在面臨生命的最後時刻，沒有任何歡送儀式。這些豬會被分送到所在地的頂尖餐廳，被施以鹽漬、烘烤或風乾醃製再切片的料理魔法。牠們的肉會受到讚美，照片會刊登在雜誌或書冊上。但此時牠們得在此耐心等候，被隔離並匿名對待。過去，豬在被烹調為盛宴前，會有慶祝祈禱儀式。現在，我們把這些優良品種的普及，和只要一通電話就能送達的便利，視為理所當然。

我們如此關注動物的生命，
卻對牠們的死亡沒有太大感受，
這實在令人感到困惑。

儘管畜牧業已廣泛討論，動物生命的最後十五分鐘，對於肉質確實會有深遠影響。電擊棒、手杖及其他具強制性的工具，會對早已驚恐萬分的動物肉體造成淤傷，體內因此分泌更多像皮質醇和腎上腺素等血液化學物質，對肉質會形成負面影響。天寶・葛蘭汀（Temple Grandin）是推動屠宰廠採用人道切割標準運動的先驅之一。她不厭其煩地說服屠宰業者，動物福利和肉的品質息息相關，仁慈一點的運輸和宰殺絕對有利可圖，唯一應該遵循的標準，是人道標準。動物，遠遠不只是財產，而是具有感知的生命體。天寶有一個令人嘆為觀止的網站，上面提供一切關於屠宰場的資訊。鼓勵大家一探究竟：www.grandin.com。

去年我到維吉尼亞州北部聽一場天寶的演講，她對農民及屠宰場業者，說出相當具革命性的事：她鼓勵業者錄下宰殺過程，上傳到網路。她要求他們對自己的行為保持警覺和透明公開，以展現對自己的行動負責任的態度。她敦促他們對自己的努力感到自豪驕傲，並與大眾分享過程。她強力主張將屠宰行動轉變為一種公開儀式：從隱密不見光，回歸農業行為。

我們那天在博恩殺了三十多頭豬。相比之下，一家像Swift這樣大規模的公司，每小時可以宰殺上千頭。兩者之間的差別，就像一個小型工藝乳酪品牌對比卡夫食品公司（Kraft）。其實量的多寡，會影響到動物被對待的方式。一開始宰殺豬隻時，讓我非常震驚。眼睜睜看著任何生命的逝去，並不是件易事。雖然進行的速度很快，但並沒有快到讓我忽略，有隻豬一邊耳朵是歪的，另一隻豬的尾巴，比前一隻還長一些。或許在那當口，這些都無關緊要，但能注意到這些細節，帶給我一些小小的安慰。

後來我也曾再次去博恩，也到訪了這地區的其他屠宰場，當我偶然和他人提及這些經歷時，得到各式各樣的回應。有人好奇，有人嫌惡，身為一個廚師，跑去參與宰殺是在湊什麼熱鬧？不是應該好好待在廚房嗎？我知道自己並不屬於屠宰場，但我真正歸屬於哪裡呢？在農場採莓果？在快速生產線後方下達指令？在鏡頭面前講些有的沒的？或者坐在電腦前書寫，關於屠宰動物這個經常被忽略的過程，以及一群最後被烹調成各式珍饈的無名豬隻，給予些許公開的聲量。這是我對農業行為的一點心力。

香辣豬肉餅
豆薯、香菜拌飯
佐泡菜雷莫拉蛋黃醬

我開始做豬肉餅，是想要仿製出中菜餐廳裡紅色的廣式叉燒肉。叉燒肉的紅豔，一般是用食用色素染出來的。我的食譜用甜菜根刨絲，既能賦予肉餅撩人豔色，同時具有蔬菜的鮮甜。這款豬肉餅不只配米飯好，派對時也是絕佳開胃菜。而泡菜雷莫拉蛋黃醬更是百搭，從墨西哥塔可餅到蟹肉餅，無所不配。4 人份主菜或 6 人份開胃菜

RICE BOWL WITH SPICY PORK, JICAMA, CILANTRO, AND KIMCHI RÉMOULADE

泡菜雷莫拉蛋黃醬

- 1小匙現磨薑泥（microplane刨器可代勞）
- 1/2杯細切香辣大白菜泡菜（請看第181頁）
- 5大匙完美雷莫拉蛋黃醬（請看第18頁）

豬肉餅

- 15盎司（450克）豬絞肉
- 1/4杯紅甜菜根，刨絲
- 1顆蒜瓣，磨泥（microplane刨器可代勞）
- 1大匙麻油
- 1大匙醬油
- 1小匙魚露
- 1小匙甜高粱糖漿
- 1/2小匙鹽
- 1/2小匙糖
- 1/4小匙現磨黑胡椒粉

- 約60毫升橄欖油，油煎用
- 4杯白飯（請見第16頁）

盤飾

- 150克豆薯，去皮，切成細火柴棒狀
- 幾株新鮮香菜（可省略）

步驟

1 製作泡菜雷莫拉蛋黃醬：取小碗，混合薑泥和泡菜，再拌入雷莫拉蛋黃醬。以保鮮膜密封，放入冰箱冷藏。

2 製作豬肉餅：將豬絞肉放進大碗裡，加入其他所有食材，以手拌至均勻。塑成五十元硬幣大小的肉餅，排放烤盤。

3 以中火加熱大煎鍋，倒入一大匙橄欖油。在保持理想間距的前提下，盡可能放入最多塊肉餅，每面香煎約 3 分鐘，直到呈現深棕色。移放到鋪上紙巾的大盤上瀝油。依同樣方式煎完所有肉餅。視情況添加橄欖油。

4 盛盤時，將米飯添入飯碗裡。每碗放上兩三塊肉餅，將約一大匙泡菜雷莫拉蛋黃醬淋在肉餅上，上頭放些許豆薯絲。最後，如果有準備的話，再以香菜點綴。立即上桌，以湯匙享用。開吃前先行攪拌一番尤佳。

咖哩豬肉派

小時候，中國城的貝雅街上，有家店販售一款差不多美金六十分的半月形迷你豬肉派。那家烘焙店位在一棟建於六〇年代、從未做過任何改變的超棒店面裡。我會坐在店裡，點一杯大約五十分的茶，大啖他們的麵包和派直到飽足，總共大概只花了約三美元。我實在太想念那家店，想念到開發出我的肉派配方，不過我用的是南方派皮，用瑪芬蛋糕烤盤烘烤（請看第119頁步驟）。我一次就做十二個，聽起來好像很多？相信我，這些派擋不住眾人的口腹之欲。時光變遷，貝雅街的烘焙店，經歷了一次改頭換面，就我所知，肉派現在是一美元。製作 12 個肉派

CURRY PORK PIES

派餡

- 1/2杯培根丁
- 11盎司（約340克）豬絞肉
- 3/4杯洋蔥碎
- 1/4杯青椒丁
- 1/4杯紅蘿蔔丁
- 1又1/2大匙現磨薑泥
- 1顆蒜瓣，略切碎
- 1大匙中筋麵粉
- 180毫升雞高湯
- 2小匙咖哩粉
- 2小匙醬油
- 1/2小匙鹽
- 1/4小匙現磨黑胡椒粉

步驟

1 製作派餡：大火加熱大平底煎鍋。放入培根，煎炒約 3 分鐘，或直到培根略酥脆，逼出大多數油脂。放入豬絞肉、洋蔥、青椒、紅蘿蔔、薑和蒜，翻炒約 5 分鐘，或直到蔬菜稍微軟化，豬肉全熟。

2 將麵粉撒在蔬菜和豬肉上，翻炒約 1 分鐘。倒入雞高湯、咖哩粉、醬油、鹽和黑胡椒粉，拌炒均勻，約 2 分鐘。此時汁液是不是已差不多收乾，但菜料看起來依然濕潤？很好。起鍋移至大碗裡，將餡料放入冰箱裡冷藏的同時，製作派皮。

3 以攝氏 220 度預熱烤箱。在瑪芬蛋糕烤盤上薄薄抹上一層軟化奶油，冷藏於冰箱備用。

4 製作派皮：將量好的麵粉和鹽，放進攪拌盆裡，放入酥油和奶油，以叉子或用手指，將油揉進粉料裡，直到呈現細顆粒狀（接近粗磨玉米粉質地）。如果奶油開始軟化，先暫停，把麵團粉料放入冰箱冰鎮一下。慢慢加入冰水，直到粉料開始黏合成一個濕麵團，切勿過度攪拌。撒一點手粉，將酥皮麵團分成兩半，整成圓碟狀，以保鮮膜包裹，冰鎮 30 分鐘。

good cook

派皮

- 140克無鹽奶油，
  切成丁塊，放冰箱冰鎮備用。
  些許室溫軟化奶油，
  塗抹瑪芬烤盤用
- 4杯中筋麵粉
- 2又1/2小匙猶太鹽
- 2/3杯酥油
- 8到10大匙冰水
- 1顆大號雞蛋
- 1大匙蔬菜油
- 2大匙全脂牛奶

5 先從冰箱拿出其中一塊麵團，置於撒上手粉的工作枱面。用擀麵棍將麵團擀成一張約0.3公分厚、40×50公分大小的長方片。用司康餅模或玻璃瓶瓶口，切割出12張直徑約12公分的酥皮圓片。必要時，收集邊角麵團後，再次擀開切割。將酥皮圓片鋪在瑪芬烤盤上。取一小碗，放入蛋、油和牛奶，攪打成蛋液。一一在烤盤裡的圓形酥皮內裡，塗上蛋液，封住孔洞，保留些許蛋液好塗抹酥皮外層。

6 舀約2大匙冰涼的內餡，到每個派皮裡。

7 將第二塊麵團同樣如上步驟，在撒粉的工作枱上，擀成約0.3公分厚的長方片。用稍微小一點的司康餅模具，或直徑約7.5公分的圓形模具，切割出12片酥皮圓片。將其一一蓋在12個填好的派餡上，用手指捏合邊緣。用預留的蛋液塗在酥皮外層上。以叉子在每個派皮表面上戳洞，或以刀劃切X亦可。

8 烤約15分鐘，或直到派皮膨起，呈現金黃色澤。這時候應該會看到些許內餡汁液從孔洞溢出，可能會讓你感到飢腸轆轆——把烤盤從烤箱取出，先靜置10分鐘後，再把肉派取出烤盤，以避免崩塌。趁溫熱立即享用。

一旦完全放涼，可以把派放在密封保鮮盒裡，冷凍保存。食用前，以205度預熱烤箱，烤約12至15分鐘，或直到內餡中心溫熱。

1. 擀平酥皮麵團，切割出酥皮圓片。

2. 將酥皮圓片鋪進瑪芬蛋糕烤盤。

3. 把豬肉內餡填進酥皮裡。

4. 用另一張酥皮圓片蓋在內餡上，捏合肉派邊緣

豬肋排
和德國酸菜
佐辣根

路易維爾位在眾多不同文化的交匯中心，自南方崛起的靈魂食物風潮中，還有來自北方的德國文化的影響，鄉村烹調則從阿帕拉契山脈蔓延而來。這道菜結合上述所有文化。我通常會以烤馬鈴薯搭配豬肋排，再來一杯由路易維爾在地藍草釀酒廠（Bluegrass Brewing Company）精釀的經典德式風格老啤酒（Altbier）。4至5人份主菜

PORK RIBS AND SAUERKRAUT WITH HORSERADISH

食材

- 一塊大約2公斤的豬肋排

香料抹粉

- 4小匙猶太鹽
- 2小匙現磨黑胡椒粉
- 2小匙五香粉

- 約900克的德國酸高麗菜
- 1瓶360毫升皮爾森啤酒
- 480毫升雞高湯
- 120毫升水
- 120毫升蘋果原汁
- 3大匙第戎芥末醬

辣根酸奶醬

- 60毫升市售調味辣根醬
- 240毫升酸奶
- 2大匙美乃滋

步驟

1 將一個烤架置於烤箱中間位置，以攝氏170度預熱烤箱。

2 用一把銳利廚師刀，將肋排切成一根根帶肉的肋骨。

3 製作香料抹粉：取一小碗，放入鹽、黑胡椒粉和五香粉，拌勻。將香料抹粉撒在肋骨上，以手按摩。現在可不是忸怩客氣的時候，用力按入香料就對了。

4 將肋骨放進燉鍋或烤鍋裡。放進德國酸高麗菜和所有汁液。倒進啤酒、高湯、水、蘋果原汁和第戎芥末醬。所有汁液應該差不多能淹沒肋骨。如果不夠，加水直到淹過為止。

5 以鋁箔紙鬆鬆地覆蓋住烤鍋，以叉子在鋁箔紙上戳些洞。放入烤箱，烤約1.5小時。

6 拿掉鋁箔紙。烤箱溫度調高至約230度，將烤鍋再度放進烤箱，不加蓋，續烤約30分鐘。烤完後，肋排應該是入口即化的程度，酸高麗菜會烤成深棕色，燉汁應該會收汁成濃郁肉汁。如果希望更稠一些，舀出一部分到小鍋裡，繼續滾煮直到滿意即可。

7 在此同時，製作辣根酸奶醬：將所有食材放進小碗裡，攪拌至滑順，置室溫備用。

8 將肋排、酸菜，連同肉汁，移放到橢圓形大盤裡。淋上辣根酸奶醬，或置旁佐食。

炸豬皮

這其實不算是食譜：只是想告訴你，我都怎麼炸豬皮。一點也不難，但的確需要點耐心。一旦完成，炸豬皮可以置室溫多日，但我保證應該撐不了那麼久就會被掃光。原則上，炸豬皮是五花肉的皮，但過去幾年來，我試過各種部位的豬皮。基本上，全豬切割或修剪後剩下的畸零碎皮，都可以拿來做炸豬皮。在自家廚房進行，務必小心：一如我長時間油炸的食譜提醒的，一定要全程注意油的狀態。可製作約 1 公升玻璃罐容量的炸豬皮

PORK CRACKLIN'

食材

- 900克豬五花皮和其他修剪邊角
- 240毫升花生油，或剛好足以淹沒豬皮及邊角的油量
- 240毫升豬油或培根油脂
- 鹽

步驟

1 冷凍豬五花皮至少 1 小時，不是要凍成硬塊，而是質地至少要不軟。切成約 2 公分厚、2.5 公分長絲條。

2 在大鑄鐵鍋裡，以中火加熱花生油和豬油至約攝氏 170 度。下豬皮，一次少許，確認油不會到處噴濺。監控油溫，使其保持在 150 到 175度之間。一邊炸，豬皮會開始出油，炸約 20 到 25 分鐘，其間輕輕幫豬皮翻身，直到豬皮在熱油中漂浮。我通常用一雙長筷子或長夾子翻動豬皮。炸好的豬皮，應該是深色且酥脆。輕輕用漏勺或濾匙撈出豬皮，置於紙巾上瀝去油脂。立刻以鹽調味，無需其他調味。室溫放涼。

3 將炸豬皮存放在玻璃瓶，或可重複使用的塑膠袋裡，置於室溫即可。

桃薑蜜汁香料豬排

這是一道會讓人覺得很有在餐廳大快朵頤氛圍的家常晚餐。既然可以在前晚調製醃汁，那就提前準備，連同蜜汁和義大利綜合香料一起進行。隔天，你只需要烹調豬排，把一切元素兜起來即成（蜜汁和義大利綜合香料，冰箱冷藏可保存一週）。如果想吃，也可以搭配防風草根黑胡椒比司吉（請看第218頁）享用。

放眼望去，我最愛的一款啤酒，是慵懶木蘭花酒廠（Lazy Magnolia）推出的南方胡桃棕色愛爾啤酒（Southern Pecan Nut Brown Ale），配上這道菜時更是美味爆表。4 人份主菜

BRINED PORK CHOPS WITH PEACH-GINGER GLAZE

醃汁

- 240毫升琴酒
- 480毫升水
- 1/4杯猶太鹽
- 3大匙甜高粱糖漿
- 3大匙紅糖

- 4片約2.5公分厚豬大里肌（一片11盎司，約330克）

蜜汁

- 3顆桃子
- 60毫升乾白葡萄酒
- 2小匙現磨薑泥（microplane刨器可代勞）
- 2小匙蜂蜜
- 些許鹽和現磨黑胡椒粉

步驟

1. 製作醃汁：將琴酒倒入小鍋裡，中火加熱至微滾，持續滾煮直到收汁為約 60 毫升的量。放入其餘食材，轉小火，攪拌到紅糖全數溶解。鍋子離火，放涼到室溫。
2. 拿一個約 4 公升左右的夾鍊袋，放入豬里肌，倒進醃汁，密封起來，置冰箱醃製至少 4 小時，或長至 24 小時。
3. 製作蜜汁：先將桃子去皮，然後剖半，去核，切丁後，移放到小醬汁鍋。倒酒，放薑泥、蜂蜜、鹽和黑胡椒，加熱到微滾，煮約 10 分鐘，或直到桃子軟化。放涼約 15 分鐘。
4. 將桃子和所有汁液倒入果汁機，以高速攪打至滑順，整個廚房將會充盈著桃子和薑的香氣。倒入碗裡，放冰箱保存備用。
5. 製作義大利綜合香料：將所有食材放進食物調理機，按暫停鍵十次，攪打成粗泥醬；也可用研磨缽手磨。放冰箱保存備用。
6. 以攝氏 200 度預熱烤箱。

7 從醃漬袋裡取出豬里肌（醃汁丟棄），以紙巾擦乾。取大一點的鑄鐵煎鍋，以中火加熱橄欖油。放入豬里肌，兩面煎至焦糖深棕色，一面各約 3 分鐘。

8 在每片里肌上，刷上一層桃薑蜜汁，在蜜汁上慷慨撒一把義大利綜合香料。將煎鍋放入烤箱，烤約 12 至 14 分鐘，或直到里肌五分熟的程度。以刀尖插入里肌接近骨頭處時，湧出汁液應該會是澄淨的。蜜汁差不多凝結，香草調料看起來差不多是棕色，最上層應該是酥脆的。讓里肌靜置在煎鍋裡約 5 分鐘。

9 小心取出里肌豬排，移放到盤子上，立即享用。

開心果義大利綜合香料

- 1杯開心果
- 1/4杯麵包粉
- 1顆現刨檸檬皮碎
- 1又1/2大匙新鮮扁葉巴西里碎
- 1顆蒜瓣，切碎
- 1小匙第戎芥末醬
- 1又1/2小匙橄欖油
- 1小匙鹽
- 1/4小匙現磨黑胡椒粉

- 2大匙橄欖油

炸雞風泡麵酥炸豬排

佐酪乳黑胡椒肉汁

任何以「炸雞」的方式處理炸物，我無所不愛，這聽起來有點鄉巴佬，但對我來說，這道菜就是人氣日本料理炸豬排（tonkatsu）的美國南方版。日式炸豬排使用比一般麵包粉稍甜的日本麵包粉做為酥脆外皮。它其實是十九世紀末，從歐洲流傳到日本而在地化的炸豬排（cutlet）。觀察不同文化如何理解、內化成簡單的概念，並做出獨特詮釋，總令我深深著迷。總結來說就是，沒有人不愛經過一番捶打、裹粉再油炸的肉排。我用泡麵碎取代麵包粉，聽起來有點瘋狂，但美味可是爆表。

配上餐酒是一定要的。我喜歡吉姆·克蘭德南經營的奧邦酒莊（Au Bon Climat）出產的夏多內白葡萄酒（Chardonnays），滋味馥麗。4 人份主菜

CHICKEN-FRIED PORK STEAK WITH RAMEN CRUST AND BUTTERMILK PEPPER GRAVY

酪乳黑胡椒肉汁

- 3大匙無鹽奶油
- 3大匙中筋麵粉
- 360毫升火腿高湯（請看第204頁筆記）或雞高湯
- 60毫升全脂牛奶或實際需要的量
- 1大匙酪乳
- 1小匙鹽，或視口味調整
- 1又1/4小匙現磨黑胡椒粉或視口味調整

步驟

1 製作黑胡椒肉汁：取小煎鍋，小火加熱，融化奶油。將麵粉撒在奶油上，以木匙攪拌直到滑順。炒煮約 1 到 2 分鐘，在麵糊不變色的前提下，炒掉生麵粉的味道。

2 鍋子離火，持續攪拌，使其稍微降溫，然後倒入火腿高湯、牛奶和酪乳，持續攪拌，直到肉汁稠化到可以附著在湯匙背面，約 5 到 6 分鐘。以鹽和黑胡椒粉調味。試味道，一般對肉汁的偏好各異，想稀一點就加些牛奶，鹽和黑胡椒也請根據喜歡口味調整，我個人偏愛重鹹。

3 將一塊豬排放在兩張保鮮膜之間，用肉錘或平底鍋底，以中等力道，將豬排敲打至約 2 公分厚。以同樣方法處理每片豬排。用鹽和黑胡椒調味豬排正反兩面。

4 設置好裹粉工作枱：將麵粉倒入淺碟裡。再將攪打融合的蛋液放在旁邊，再隔壁，擺放混拌泡麵碎和麵包粉的淺碗。先取一片豬排，兩面沾裹麵粉，再浸入蛋液裡，以叉子叉起豬排，讓多餘汁液滴流下來，接著放進泡麵碎裡，按壓使豬排沾取愈多量愈好的拉麵碎。以同樣方式處理所有豬排。油炸前先於室溫靜置約 15 分鐘。

5 以攝氏 180 度預熱烤箱。

6 取手邊最大的鑄鐵煎鍋。以大火熱油，視鍋子大小，一次放入一到兩片里肌排，香煎一面約 2 分鐘。泡麵碎很容易燒焦，所以請全神貫注操作。移放到烤盤上，以紙巾擦乾。

7 將豬里肌放入烤箱，烤約 10 分鐘，直到豬肉全熟。在此同時，將肉汁以小火再次加熱。

8 將豬里肌取出烤箱，立刻趁熱，淋上肉汁享用。如果對大啖如此肥美的料理感到罪惡，就撒點新鮮巴西里碎吧！

市面上琳琅滿目的速食泡麵可選擇，但請買細的麵條，酥脆效果比較好。如果買不到速食泡麵，就以1杯的日式酥炸粉替代。

食材

- 4片去骨豬排
- 2小匙海鹽
- 1小匙現磨黑胡椒粉
- 1杯中筋麵粉
- 1顆大號蛋
- 120毫升全脂牛奶
- 1包約100公克包裝速食泡麵捶打直到變成碎片（非粉末）
- 1/4杯麵包粉
- 1大匙花生油或蔬菜油
- 新鮮扁葉巴西里碎（可省略）

可樂豬蹄膀佐味噌蜜汁

新鮮豬蹄膀不容易買，但也不是不可能的任務。我熟識的肉販，一般都能幫我弄到手。儘管可用來為各種蔬菜或湯品增滋添味的煙燻豬腳比較容易見到，但也值得花點工夫，買來新鮮豬蹄膀做這道菜。肉經過慢慢燉煮，變得不可思議地柔軟可口，非常特別。一大盤豬蹄膀可不是每天日常的餐桌上看得到的菜餚。這道菜可以配上奶油豆佐大蒜辣椒西芹葉（請看第224頁）和玉米培根酸甜小菜（請看第194頁）。4人份主餐

COLA HAM HOCKS WITH MISO GLAZE

食材

- 4塊豬蹄膀（一塊約450克，請看筆記）
- 2大匙花生油或蔬菜油
- 1顆小洋蔥，略切
- 2顆蒜瓣，切碎
- 360毫升苦艾酒
- 1罐約360毫升可樂
- 60毫升米醋
- 2大匙醬油
- 1顆八角
- 1小匙黑胡椒粒
- 2片月桂葉

味噌蜜汁

- 1/4杯紅味噌
- 120毫升蘋果原汁
- 1/2杯紅糖
- 3大匙甜高粱糖漿
- 2大匙醬油

步驟

1. 豬蹄膀先泡冷水30分鐘，取出瀝乾，以紙巾擦乾。
2. 取鑄鐵荷蘭鍋，以中火熱油，放入豬蹄膀，每一面煎至金黃，約5分鐘。如果外面煎得有點焦黑，也不必擔心，反正最後都會把這些蹄膀煮得爛熟。
3. 將大蒜和洋蔥放入鍋裡，煎炒約2分鐘。放進苦艾酒、可樂、醋、醬油、八角、黑胡椒和月桂葉，加熱至滾，撇除浮沫。蓋上可以密閉的鍋蓋，將火力轉至中小火。燉煮約2小時，你可以趁這時候閱讀惠特曼（Walt Whitman）的詩集。
4. 在豬蹄膀即將大功告成之前，準備塗上蜜汁：取小醬汁鍋，放入所有食材，煮至微滾，一邊滾煮，一邊不斷攪拌，直到收汁變濃稠，約5至6分鐘。保溫備用。
5. 兩個小時後，確認豬蹄膀熟度：外皮應該很柔軟，呈現琥珀色，而肉應該能輕易剝離骨頭，如果不是，續煮20分鐘左右。
6. 以上火炙烤功能設定烤箱。將豬蹄膀置於烤盤，在其外皮上刷塗味噌調醬，放到烤箱炙烤直到塗汁開始冒泡，呈現焦糖色澤，差不多3到5分鐘，但這完全要看你的烤箱炙烤功能多強大，所以不斷檢視熟度。完成後，移到大碗裡，搭配一勺燉汁享用。

豬蹄膀一般是指，腳踝以上，到傳統火腿部位的腿骨起點之間，可能是前腿或後腿。我通常傾向買後腿，因為相對壯碩，但以風味來說，兩者並無差別。下單時，唯一要確定的是，肉販給你的豬蹄膀不附帶豬蹄，有時我會看到肉販連豬蹄一起賣，多數人會反感。如果你不愛太多油脂，在把豬蹄膀放入烤箱炙烤前，可以先去掉豬皮，然後直接將味噌蜜汁抹在肉上。豬皮可以餵小狗吃，牠會因此愛你一輩子。

BBQ黑醬烤手撕豬肩肉

以烤箱烤豬肩肉，可以省略數小時的煙燻過程，還是獲得入口即化的手撕豬的最佳捷徑。用來調味豬肉的BBQ黑醬，是幾年前，我去了這一帶數一數二頂尖的BBQ地區——肯塔基的歐文斯波若之後，研發出來的。我注意到每個BBQ店家，都會有一款自家特調的經典醬汁。多數BBQ醬對我來說都太過甜膩，我偏好鹹味的亞洲版本。於是我開始微調主流的BBQ醬，將亞洲香料混入南方BBQ醬汁食譜裡。從此，我們餐廳的菜單少不了這款醬汁，以及各種不同的變化版本。

這道手撕豬可以搭配義大利豬油膏玉米麵包（請看第220頁）和淺漬葛縷子黃瓜（請看第185頁），或者做為熱狗麵包填餡，再放上香辣大白菜泡菜（請看第181頁）和炸豬皮（請看第121頁）。有太多的變化能享受這道料理。6到8人份主菜

PULLED PORK SHOULDER IN BLACK BBQ SAUCE

BBQ黑醬

- 2大匙無鹽奶油
- 1小匙橄欖油
- 450克洋蔥，略切
- 5顆蒜瓣，略切
- 2顆墨西哥青辣椒略切（連籽）
- 1/3杯葡萄乾
- 120毫升波本威士忌
- 120毫升黑咖啡
- 120毫升可樂
- 120毫升番茄醬
- 60毫升醬油
- 60毫升巴薩米克醋
- 2大匙糖蜜

步驟

1 製作BBQ醬汁：取鑄鐵荷蘭鍋，以小火加熱橄欖油並融化奶油。放入洋蔥、大蒜、墨西哥青辣椒和葡萄乾。蓋上鍋蓋，轉中小火，煮到洋蔥在鍋底焦糖化、變成深棕色，時不時攪拌，約5分鐘。倒入波本威士忌、咖啡和可樂洗鍋，以木匙刮起鬆動鍋底焦香精華，持續微滾煮收汁，直到汁液收至一半。

2 倒入番茄醬、醬油、巴薩米克醋、糖蜜、伍斯特辣醬和黑豆鼓醬，小火滾煮約5分鐘。加進芥末粉、多香果粉、黑胡椒粉、卡宴紅辣椒粉和煙燻紅椒粉，小火滾煮約10分鐘。熄火，稍放涼醬汁，約15分鐘。

3 將醬汁倒進果汁機，倒入萊姆汁和麻油，高速攪打，直到呈現濃稠平滑狀態。試味道，嘗起來美味嗎？請依喜好微調。移放到碗裡，置冰箱冷藏。使用前請取出退冰至室溫（醬汁置於密封容器，放冰箱冷藏，可保存一個月）。

4 製作香料抹粉：將所有食材放入碗裡混勻。

5 將豬肩放在大烤盤上，或其他適合的容器裡，將香料粉均勻塗抹於豬肩所有表面。冰箱冰鎮至少 2 個小時，進行快速醃製。

6 烤箱以攝氏 220 度預熱。

7 以鋁箔紙鬆鬆將豬肩包好，放上烤盤。在鋁箔紙包裡倒入約 120 毫升的水。烘烤 2.5 小時。察看熟度，當你用叉子戳豬肩肉時，是否很輕易從肩胛骨脫落呢？是的話就大功告成了。

8 將豬肩肉移放到砧板上。趁熱剝離豬肉會容易許多。取兩支叉子：一支固定住豬肩，另一隻以向下戳劃動作剝撕豬肉。

9 用適量但不過量的 BBQ 醬汁，來滋潤並增添豬肉風味。移放到橢圓大盤上，趁熱享用。

- 2大匙伍斯特辣醬
- 2大匙黑豆鼓醬
- 1大匙黃芥末粉
- 2小匙多香果粉
- 2小匙現磨黑胡椒粉
- 2小匙卡宴紅辣椒粉
- 1小匙煙燻紅椒粉
- 1顆現擠萊姆汁
- 60毫升麻油

香料抹粉

- 1/4杯猶太鹽
- 1又1/2大匙孜然粉
- 1又1/2大匙煙燻紅椒粉
- 1又1/2大匙現磨黑胡椒粉

- 1塊約2.2公斤豬肩肉，帶皮

小豬漢堡
佐日曬番茄乾番茄醬

幾年前曾到西班牙北邊的塞巴斯提安，那是歐洲美食發源地，也是巴斯克文化的聖地。當發現自己竟在麥當勞吃午餐時，內心感到無比驚嚇，我的理由：這裡有賣一道速食豬肉漢堡，而我非吃到不可。可惜！不如想像中美味，只好自己調配。這一味搭配冰涼沙士特別讚。可製作 4 個大漢堡

PIGGY BURGERS WITH SUN-DRIED TOMATO KETCHUP

漢堡肉

- 15盎司（450克，85%瘦肉）豬絞肉
- 2大匙粵式海鮮醬
- 3根青蔥，只取蔥綠，細切
- 1小匙鹽
- 1/2小匙現磨黑胡椒粉

日曬番茄乾番茄醬

- 180克日曬番茄乾，切丁
- 2顆帕西拉乾辣椒（pasilla peppers）去蒂和籽
- 1顆蒜瓣，略切
- 120毫升巴薩米克醋
- 120毫升乾紅葡萄酒
- 1/4杯紅糖
- 1大匙醬油
- 1/4小匙海鹽
- 1/4小匙現磨黑胡椒粉
- 約180毫升清水

- 2大匙花生油

盛盤

- 4個漢堡麵包
- 香辣大白菜泡菜（請看第181頁）
- 新鮮綠豆芽
- 新鮮香菜葉
- 炸豬皮（請看第121頁）

步驟

1 製作漢堡肉：將所有食材放入大碗裡，將絞肉捏成8片薄圓肉餅（每片約 60 克），肉餅應該薄到能在每份漢堡麵包裡放兩片。烹煮前，將漢堡肉放在兩張方形蠟紙之間，放冰箱冰鎮至少半小時（也可以密封起來，疊放在冷凍庫，可以保存一週，想過漢堡癮就拿出來料理）。

2 冰鎮肉餅時，製作番茄醬：取中型鍋子，放入除了水以外的所有食材，加熱至微滾，蓋上蓋子，小火煮約 15 分鐘。

3 將煮好的番茄醬料倒入果汁機，高速攪打時，慢慢倒入清水，直到成為平滑泥醬。倒入碗裡，置冰箱備用（剩餘番茄醬冷藏，可保存約兩週）。

4 以中火加熱大鑄鐵煎鍋，倒入 1 大匙花生油。

5 放入 4 片肉餅，第一面煎 2 分鐘，翻面，煎 1 分鐘，直到全熟。將肉餅移放到盤子上，放低溫烤箱保溫。以同樣方式煎完所有肉餅。

6 組合漢堡：在每片漢堡底部麵包圓片塗上番茄醬，放一片肉餅，在每片肉餅上，再塗些許番茄醬，疊上另一片肉餅。接著鋪上一些泡菜，些許綠豆芽，幾片香菜葉，和一小把炸豬皮。立即享用。

鄉村火腿

自從發現鄉村火腿（country ham）的那一天起，我就再也不用義大利生火腿（prosciutto）。或許你會有所困惑，到底什麼是鄉村火腿？所以容我說明一下：鄉村火腿是乾燥醃製的豬腿，鹽漬後吊掛起來風乾約一年時間，的確類似義大利生火腿。唯一最大的不同是，義大利生火腿只經過鹽漬，從不煙燻，而絕大多數的美國鄉村火腿，都會經過鹽漬和煙燻兩個步驟，而且多數在醃製調味裡，會添加某種形式的糖分。且鄉村火腿的鹽漬時間是義大利生火腿的兩倍，所以即便風乾熟成時間稍短，還是比義大利生火腿更鹹。這也是為什麼醃製商通常會建議：烹調前，將火腿泡在啤酒或水裡去除部分鹹味。火腿得要烹調？聽起來似乎有些怪，畢竟我們從來不會想烹煮義大利生火腿，這也因此讓人做出「生吃鄉村火腿不安全」的結論，但是泡水和烹調，其實是因為鹹度較高（泡水可降低鹹味，但也因此需要烹調來強化風味）。事實上，鄉村火腿可以生食，片薄後與醃漬物、糖煮水果和芥末配食。鄉村火腿和城市火腿，有時也叫螺旋切片火腿（spiral ham），是截然不同的產物。後者採濕醃作法，通常會注入鹽水，火腿本身不曾經過長時間熟成，而且極度濕潤，已完全煮熟或煙燻處理（完全不需要再煮或加熱，但你還是經常選擇這麼做）。

著名的西班牙探險家赫南多（Hernando de Soto）在一五三九年將豬從歐洲引進北美後，鄉村火腿就以某種形式存在於美國。最早在維吉尼亞州，先在史密斯菲爾德發展起來，很快地散播到北卡羅萊納州、田納西州、喬治亞州、肯塔基州及以外的地區。現今有無以計數的農場製作著鄉村火腿，包括小型生產商及企業龍頭。隨時日推移，每個地區都發展出專屬的獨特風格，品嘗其風味的過程本身就是一種啟示，有點像在品味美國殖民史。

次頁附圖是我最愛的一些鄉村火腿，全都來自肯塔基州。每個火腿都至少熟成十個月，多數超過一年。可以從煙燻色澤深淺看得出來，每款都有些微不同。像這樣的火腿，在距離我們美國南方家後院不遠的方圓地帶就可以入手。請看第291頁的「食材採買一覽」，有我最愛的火腿供應商清單：紐森出品的火腿擁有絕佳的肉品來源。

Col. Newsome's
Finchville Farms
Father's
Penn's
Browning's
Scott Hams

培根肝醬三明治

紐約任一間希臘小館，都能買到肉丸乳酪三明治、烤雞肉捲餅到簡稱BLT的培根生菜番茄三明治等各式食物。當服務生喊著「一份傑克湯米與威士忌，全套」，即是烤乳酪番茄黑麥三明治和薯條一份。我曾在餐館當服務生，午餐尖峰後，我會吃著加量培根、烤番茄片的BLT，配上黑白奶昔（香草冰淇淋加巧克力糖漿）。這道和史瑞堡酒莊（Schramsberg）的白中白氣泡酒很搭。可製6個三明治或 10 到 15 人份開胃菜

BACON PÂTÉ BLT

培根肝醬

- 15盎司（450克）上好培根細切
- 1顆中型洋蔥，細切
- 10顆日曬番茄乾，略切
- 60毫升乾紅葡萄酒
- 60毫升第戎芥末醬
- 2大匙雪莉酒醋
- 1小匙甜高粱糖漿
- 3根青蔥，細切
- 90克肥肝（請看次頁筆記）
- 1小匙現磨黑胡椒粉

- 12片全穀鄉村麵包前一日製作尤佳
- 第戎芥末醬
- 1/4杯陳年格魯耶爾乳酪絲（gruyère）
- 60毫升玉米油，香煎用

步驟

1 製作肥肝抹醬：以中火加熱中型煎鍋，放入培根和洋蔥，煎炒約 5 分鐘，直到洋蔥甜軟。倒出鍋裡的部分油脂，留下大約2大匙，下日曬番茄乾、紅葡萄酒、芥末、雪莉酒醋、甜高粱糖漿和青蔥，加熱至微滾，小火滾煮約 6 到 8 分鐘。

2 將鍋裡的培根混料倒入食物調理機，攪至粗糙泥醬狀。讓機器處於持續攪打狀態，放進肥肝和黑胡椒，攪打至完全融合。移放到碗或其他容器裡。靜置放涼室溫後，再置冰箱冷藏至冷涼（密封於容器裡的肥肝抹醬，冰箱可保存至少兩週）。

3 組合三明治：將麵包片排放在工作枱上，每片塗上些許第戎芥末醬，將一半分量的乳酪絲，平均分配於每一片麵包上。在其中 6 片麵包，塗抹約半公分厚的培根肝醬，將剩餘一半乳酪絲，平均撒在肝醬上，上頭覆上另一片麵包，組成三明治。

4 取大煎鍋，加熱玉米油。一次處理兩份三明治，兩面以中火各煎 2 分鐘，直到香酥金黃。置於紙巾上瀝油。

> 三明治有更容易分切上菜的方式，就是香煎後別立刻切割，而是先在菜盤上置冰箱冰鎮約1個小時後再作業，將其裁切成美麗整齊的方塊狀，排放於烤盤，以攝氏150度入烤箱烤6分鐘，或直到溫熱。

這世界充滿喜好批判的衛道人士，依然認為所有的肥肝製作有違道德倫理。加州最近禁止所有肥肝產品。芝加哥也試圖效法，但是市政府很快恢復理智。麥可・吉諾（Michael Ginor）擁有並管理住在紐約上州費恩代爾的哈德遜河谷肥肝農場，也是我下單肥肝和鴨肉的地方。我懇請對肥肝有任何疑慮的人士前往參觀。那是一個乾淨、資源充足，以人道管理的農場，只是剛好生產的是鴨肝。如果有任何懷疑，它絕對會改變你對肥肝的看法。

烤茄子沙拉與瑞可達乳酪

紐森火腿和炸黑眼豆佐柚香油醋汁

沙拉一般分成兩大類呈現：混拌及擺盤。我喜歡以擺盤式上這道沙拉，意思就是所有元素都分別處理好，最後一刻再全數於菜盤上組合起來。市場上的茄子種類繁多，所以記得去找漂亮的祖傳品種實驗。像這樣一道賣相優雅的沙拉，我絕對會用風味強烈重鹹的肯塔基紐森陳年火腿（請看「食材採買一覽」，第291頁）。4至5人份

EGGPLANT, RICOTTA, NEWSOM'S HAM, AND FRIED BLACK-EYED PEAS WITH GRAPEFRUIT VINAIGRETTE

食材

- 1條大茄子或2條中號茄子
  切成約2公分厚圓片
- 約3大匙橄欖油
- 猶太鹽和現磨黑胡椒粉
- 1杯瑞可達乳酪
- 1小匙葡萄柚皮屑
- 3盎司（90克）鄉村火腿
  比爾紐森中校出品尤佳
  （請看「食材採買一覽」
  第291頁）
- 1/2杯煮熟黑眼豆
  （請看筆記），以紙巾擦乾
- 芥花油或玉米油，油炸用

葡萄柚油醋汁

- 1/2顆葡萄柚擠出的汁液
  （約120毫升）
- 2大匙米醋
- 60毫升橄欖油
- 1小匙第戎芥末醬

步驟

1 以攝氏 200 度預熱烤箱。

2 將茄子圓片平整鋪排於無邊的平面烤盤上，兩面刷橄欖油，大約需要 2 大匙左右，再以鹽和黑胡椒，同樣在茄片兩面調味。入烤箱烤約 16 到 18 分鐘。翻面，底部應該會呈現出深棕色澤，外皮稍微有炙烤痕跡，續烤約 10 分鐘。置旁備用。

3 此時，將瑞可達乳酪和剩下大約 1 大匙橄欖油、葡萄柚皮屑、1/2 小匙鹽和 1/4 小匙黑胡椒，放進小碗裡混勻。置旁備用。

4 切鄉村火腿：目標是切出和茄子片相同數量的火腿片。放在蠟紙或任一冷盤上，置旁備用。

5 油炸黑眼豆：取鍋具倒入 360 毫升芥花油，加熱到 190 度（油量大概有 1.2 公分深）。緩緩放進黑眼豆油炸，以慢動作攪動，炸 6 到 7 分鐘，或直到外皮焦深酥脆。立即用濾篩或漏勺撈起，放在紙巾上瀝油。趁熱撒上 1/2 小匙鹽。

6 製作油醋汁：取小碗，放入所有食材，攪打均勻（油醋汁可提前製作，倒入玻璃瓶，冰箱保存備用。幾分鐘後，油醋會分離，但不打緊，盛盤前搖幾下即可）。

7 盛盤，將茄子片平均分配在四到五個沙拉盤裡。舀一匙瑞可達乳酪置於茄片上，再疊放一片鄉村火腿。隨意將炸黑眼豆撒在盤子各處。最後淋些許葡萄柚油醋汁於沙拉上。

黑眼豆（black-eyed peas）是跟著非洲奴隸的船隻一起抵達美國的，算是世界上最常見的豆類。烹煮方式如下：準備225克乾豆子，水龍頭下以冷水洗淨，連同720毫升溫水，一起放進大醬汁鍋裡煮。如果喜歡豬肉，不妨放一小把火腿修下來的邊角。煮滾後，蓋上鍋蓋，轉小火至微滾狀，不攪動開蓋，任其滾煮約45分鐘。察看豆子熟度，咀嚼起來夠軟又不失嚼勁呢？這是我偏好的豆子熟度，不能爛糊。

羅望子
草莓
蜜汁火腿

為避免混淆，請注意這裡使用的是城市火腿（city ham），意謂著透過注射醃製，經過輕微煙燻，以半熟或全熟即食形式出售。傳統上，這些火腿表層都有極甜的糖漿蜜汁，而且我相信你一定看過，它們被罐頭鳳梨圓片和酒漬櫻桃環繞裝飾著。這裡羅望子蜜汁的甜味和質地，來自熟美草莓和紅糖，但是羅望子的強悍鮮酸，可以突破甜膩和火腿的肥腴，為這道料理帶來截然不同的風味層次。

下次復活節，試試這道食譜吧！可以配上你最喜歡的烤蔬菜及小豆蔻神仙沙拉（請看第206頁）。可輕鬆餵食 8 到 10 人

TAMARIND-STRAWBERRY-GLAZED HAM

羅望子草莓蜜汁

- 3/4杯淺色紅糖
- 120毫升現擠柳橙汁
- 60毫升羅望子濃縮醬（請看「食材採買一覽」第291頁）
- 60毫升蜂蜜
- 150克新鮮草莓 洗淨去蒂
- 3顆蒜瓣，略切
- 2小匙醬油
- 1/2小匙現磨黑胡椒粉
- 1/2小匙紅椒粉
- 1/4小匙丁香粉

- 1塊全熟螺旋切火腿（約3.5公斤）

步驟

1 製作蜜汁：將所有食材放入中型鍋具，以小火加熱至微滾，略攪拌使糖溶解。小火滾煮約 8 到 10 分鐘直到草莓軟化。撇去浮沫。

2 將草莓糖汁倒入果汁機，以中速攪打。以濾網將糖汁過濾到碗或適當容器裡，以去除所有草莓籽。蓋封置室溫備用。

3 將一個烤架移放至烤箱下方三分之一處，其餘烤架拿出。以攝氏 120 度預熱烤箱。

4 剝除火腿包裝外膜，肥腴面朝上，置於烤盤上。倒 240 毫升的水入烤盤。用一把鋒利廚師刀，在火腿表層脂肪以 2.5 公分間距，劃大約 0.5 公分深的交叉格子紋路。如果有點手忙腳亂，不必太擔心，這步驟不是追求精準的科學。以鋁箔紙包裹住火腿，將烤盤置於最底層的烤架。

塗抹蜜汁時，請用畫畫專用刷具。我是認真的，大多數烘焙刷具，都是用沒幾次就壞掉的便宜貨。買支品質好的專業畫筆，每次使用後立刻清洗，可以用上好幾年。

5 以每 450 克烤 10 分鐘的準則，來計算烤火腿的時間（3.5 公斤左右的火腿差不多要花 1 小時 20 分鐘）。以溫度計測火腿內部的溫度，約 50 度左右為理想值。

6 打開鋁箔紙，以刷具在整個火腿外層，塗上一層厚厚的蜜汁。剛才切出的割痕，應該有稍微裂開的跡象。以刷具深入所有裂縫割痕，好讓蜜汁滲入肉塊。調高烤箱溫度到 230 度，再次放入火腿續烤 10 分鐘，或直到蜜汁開始焦糖化，呈現糖果質地。如果有幾處烤得焦黑，別擔心，那些可是好吃得很。

7 靜置火腿約 10 分鐘，移放到橢圓大盤，切開後上桌享用。

羅望子是一種在西非、印度和南亞，相當常見的熱帶水果。藏在像豆莢外殼的果子，新鮮食材比較少見，但在食材專賣店可以找到不少泥醬或萃取汁液的選擇。我用的品牌叫 Tamicon。色黑濃郁，嚐起來就是羅望子果子的滋味。很不幸，多數品牌都經過稀釋，或添加了人工調味。

鄉村火腿和牡蠣填餡

佳節來臨，這道可是你會想送上餐桌的填餡。下次感恩節大餐或任何烤火雞時刻，試試這個食譜吧。務必確定使用的玉米麵包不會太甜（或者自製，請看第220頁），因為栗子會為填餡帶來些許甜味。如果你用的是較鹹的鄉村火腿，減少或乾脆省略鹽量。牡蠣的品種無關緊要，選喜歡的，夠新鮮就好。8 人份配菜

COUNTRY HAM AND OYSTER STUFFING

食材

- 900克玉米麵包（請看上方前言）
- 12大匙（1又1/2條）無鹽奶油，融化
- 5大匙加2小匙無鹽奶油
- 2杯洋蔥丁
- 1又1/2杯西洋芹丁
- 2顆蒜瓣，切碎
- 6盎司（180克）鄉村火腿，切小丁
- 2大匙新鮮鼠尾草碎
- 2小匙新鮮百里香碎
- 1又1/2小匙海鹽
- 1小匙現磨黑胡椒粉
- 1/2小匙肉豆蔻粉
- 18至20個新鮮牡蠣去殼，保留汁液，粗切
- 240毫升雞高湯
- 180毫升全脂牛奶
- 3顆大號雞蛋，略打散
- 15顆烤栗子，去殼，略切（請看筆記）

步驟

1. 以攝氏 200 度預熱烤箱。取 9×13 英吋（約 23×33 公分）烤盤，內層抹上薄油。
2. 將玉米麵包切成 1 公分出頭的小丁，混拌融化奶油，把所有麵包丁屑全數平鋪在無邊烤盤上，不堆疊。烘烤約 30 分鐘，或直到玉米麵包呈現漂亮金黃色澤，其間時不時攪拌一番。取出置旁備用。
3. 在此同時，取大煎鍋融化 5 大匙奶油，放入洋蔥、西洋芹和大蒜，煎炒直到半透明狀，約 6 分鐘。
4. 將烤蔬菜移放到另個大碗裡，輕柔地和玉米麵包丁混拌。放進鄉村火腿、鼠尾草、百里香、鹽、黑胡椒和肉豆蔻，攪拌均勻。加進牡蠣及其汁液，以橡膠刮刀輕輕拌勻。
5. 取小鍋具，加熱雞高湯和牛奶，直到微滾。倒進麵包丁蔬菜混料中，拌入蛋液，將填餡倒進烤盤裡，隨機放上剩餘的 2 小匙奶油丁，將栗子碎撒在填餡上，以鋁箔紙包覆住。
6. 烤箱調低至 180 度，烤約 15 至 20 分鐘，直到填餡表面呈深棕色澤，但質地依然濕潤。趁熱享用。

冬天時，在許多食材專賣店都可買到剝殼烤栗子。如果買到新鮮栗子，用一把利刀在外殼中間劃一刀，丟進一鍋滾水裡，煮約 5 分鐘。撈出置烤盤，在205 度的烤箱烤 15 分鐘。剝除外殼和內裡薄膜，趁熱進行更容易。

火腿女士

南西·紐森（Nancy Newsom）堅持以古法製作鄉村火腿的傳統，從以手抹按摩豬腿，到鹽醃時不添加硝酸鹽。我第一次嘗到她的火腿製品，腦裡立刻浮現：「如果每天晚上都能吃，我大概這一生都回不去義大利生火腿了。」南西花至少十個月時間熟成火腿，但我們大部分向她進貨的火腿，都至少熟成 14 至 16 個月，縮水率大約在 30% 至 34%，火腿風味更加濃縮。縮水即代表火腿在熟成期間流失了多少水分。她的火腿來自不同品種，包括：塔姆渥思、紅鬃豬、伯克夏郡、杜洛克等，都是有著絕佳肉脂比例的品種。

「人類或許可以創造歷史，但歷史也形塑了我們。每一個新世代的加入，總會有一些失去。製作鄉村火腿的能力、對大自然的熱愛、道德觀和商業倫理……這些都是我們的祖先致力的理念，他們奠定了基礎，我們必須帶著祖先的智慧前行，將他們的思維融入生活裡。」

——南西·紐森

比爾紐森中校肯塔基鄉村火腿

肯塔基州普林斯頓

SEAFOOD & SCRUTINY

海鮮與公審

我在《頂尖主廚大對決》第九季的迷信——永遠以順時針方向攪拌鍋子，以及先綁右腳鞋帶。

我的《頂尖主廚大對決》之路

以一個牡蠣罐頭、眾聲喧鬧和短暫的哀傷做收。但如同在我之前以及之後陸續出現的眾多廚師，我依然吞下被淘汰的苦澀結果，繼續向前邁進。對於實境烹飪節目，總是有各種爭議和熱烈討論，也很理所當然。這樣的熱潮，改變了年輕一輩廚師看待自己職業生涯的視野。

那個廚師死守在烤爐旁不離不棄的年代，已經一去不復返，現今的廚師，除了刀工之外，同樣不能輕忽公眾形象的塑造。這股造神的新風潮，很自然地吸引支持者駐足，當然也招來批評者，並引發爭議，而網路讓一切更白熱化。我們像吃著唾手可得的雷根糖一樣，大啖美食部落格，我們如祝禱般，把每天吃的每一口食物都上傳到網路。烹飪節目來勢洶洶、前仆後繼推出。不管如何，人們永遠會有自己的看法，而我並不想改變他們。

我真正想談的是，公眾如何審視《頂尖主廚大對決》、《料理鐵人》或其他以擂台形式對決才藝的電視節目。根據《牛津英語辭典》，英文「scrutiny」是指，帶著批評的觀察或檢視。這個字源自拉丁文的動詞：scruta，意思是「垃圾分類」——實在太貼切了！在《頂尖主廚大對決》裡，我們的料理被逐一觀察、檢視和批評，然後以垃圾分類的方式被剔除。我們被公開審視並淘汰。藝術變成競技，而審視取代了偶像崇拜。許多人認為，這是向下沉淪的開始，但我不這麼想。這其實就是我們現今所處的年代，如此而已。

滿十五歲的那年夏天，我應徵上第一份餐廳的工作，在紐約第五大道川普大廈五樓，一家有點勢利的小餐廳 Terrace 5，當整理餐桌的外場服務生。第一天上班，我忘了買領結，於是餐廳經理要我去找他在愛馬仕工作的女性友人，她便宜賣給我絲質領結，教我打領結。第二天上班，我替金．貝辛格（Kim Basinger）做了一杯義式濃縮咖啡，然後覺得自己找到全紐約最酷的工作。那個夏天，我見到許多名人。每天午餐時段前，我們會有職場訓練：如何在不打擾客人的情況下，為他們上菜，如何在眼神不交會的前提下互動。我和一些酷斃的服務生廝混，偶爾他們會讓我一起抽菸。晚餐的高峰時間過後，我會偷偷溜回廚房，看看有什麼剩菜可吃。

我不記得那家餐廳廚師的名字，但那根本無關緊要。在美國餐飲史上，曾有段時間，廚師完全不是這個運作體系裡最重要的一環。曾有段時間，廚師不會上鏡頭，也不會在餐廳裡巡視走動，和客人握手。曾有段時間，廚師只是被雇來做菜，姓名不值聞問。我那時對食物仍然所知不多，但我很喜歡看著Terrace 5的廚師繁忙的一天。他個性安靜且謙遜，永遠馬不停蹄，在冒著蒸氣的台前揮汗忙碌。我記得他會小心擦拭每一盤送離廚房的盤緣，詢問用餐區客人的反應。

曾有段時間，廚師只是被雇來做菜，姓名不值聞問。

他總是看起來有點疲憊、有點悲情。沒有人想和他握手，也不會有人要他的簽名。他做出了奢華料理，美麗但沒人知道是他做的。在當年，報紙上經常出現的名字是安德烈·索特納（André Soltner），還有沃夫甘·帕克（Wolfgang Puck）。但那時對食物的崇拜文化尚未誕生，也還沒有《美食頻道》（Food Network），只有《儉樸美食家》（The Frugal Gourmet）。紐約的餐廳廚房有滿坑滿谷能做出出色料理的無名廚師。

這也是我開始真心想了解食物和餐廳的時期。說巧不巧，那個時候城市也開始大力防治、打擊塗鴉行動。地鐵車廂換上防塗鴉的不鏽鋼塗層；車站等地方都增派保安人員。那些孩子不是入獄，就是長大了，而我也不再感興趣了。不計其數傑出的地鐵作品，僅存在記憶裡，但我並不曾為它們的失去哀悼。我被一種從法式精緻料理（fine dinning）表層底下滲出的、甚至更稍縱即逝的全新藝術形式所吸引，那比我迷戀多年的塗鴉，更複雜且危險。

那時候，我根本無法想像，廚師會搖身變成搖滾巨星的世界。我早年入行曾與之共事過的廚師們，整天被困在廚房裡，身上滿是廚房戰役留下的印記：退去的刀痕，手臂上因燙傷而留下的變色舊傷疤，四肢永遠都有地方纏著新繃帶；比起藝術家，他們更像職人。現在，會有人在機場或街上認出我。說實話，對於一個大半輩子都默默無名的人來說，其實不太自在。

總的來說，我很享受在《頂尖主廚大對決》節目上那段被一一審視的經歷。我們之中有多少人，可以在這個領域裡，被頂尖的同儕如此仔細地分析檢視？自己的作品被一層一層地揭開、剖析，既令人感到羞窘，又覺得無比地自由。我可以針對每一個對我的批評，反覆琢磨質疑，那是我所接受過最誠實、最客觀的評價，那是一種榮幸。比起現今大眾公審我們的強度，根本是小菜一碟。一夕爆紅，但隔天就被遺忘——以一種多數人都難以跟上的速度，推著我們向前：嘆賞與羞辱、對永恆的追求，一個牡蠣罐頭逐漸褪色的記憶……至少，在其中還能得到些許慰藉。

每年，「南方糧食聯盟」都會在密西西比州的牛津市舉辦一場研討會。那是一場讓人近距離交流的聚會，不允許匿名參加，但也不會被過度審視。牛津和我成長的那個步調快速的城市，大相逕庭。牛津是個能讓人喘口氣的地方，這裡刻意地放慢，每一步都顯得更具意義。

每次走進小鎮廣場，都有一種回到家的感覺。即便是二〇〇五年第一次到訪，「南方糧食聯盟」的主任約翰・T・艾吉（John T. Edge），便介紹我認識了許多厲害的南方廚師（當然也有一些普普的）。我和他們都有故事，從林頓、尚恩、艾胥莉、邁克、安德莉亞、泰勒、休、柯倫絲到安姬等等……我將這些故事像馬賽克瓷磚一樣，一片片搜集起來。但是，我只是想將這些故事長久留存。我希望它們長存於一個被隔絕於造作喧囂的虛偽所在，但同時又能和時代環境保持著關連性並永遠流傳——嗯，我知道這想法自相矛盾。

此時此刻，感覺飲食世界的一切，正以危險的高速發展。如果在西班牙某個小村落裡出現了石破天驚的料理創舉，相信很快就會躍上路易維爾的新聞版面。這個世界被壓縮成140個字的網路貼文，與遠端監控系統主選單上的烹飪節目。廚房裡，全是拿著昂貴日本廚刀的帥氣年輕男主廚。我們可以把一根紅蘿蔔解構再重組，讓它吃起來像，嗯，紅蘿蔔。我們可以嘗試或品味來自世界各個角落的食物，但吃完的反應卻是一種帶著厭倦的淡漠。審視的行為再也沒有比現今更公開、更鉅細靡遺、更具攻擊性了。烹飪成為競技已是常態，而詩人和畫家被擠到兩旁。這是一個屬於廚師的時代，然後，還會有下一個標的，永遠都有下一個等著被發掘或製造出來供消費的事物。經常有人要我預測：「你覺得下一波會是什麼？」我沒有答案。但我有信心，密西西比州的牛津，會一直都在。沒錯，它的傳奇只會不斷地締造。

鮪魚、酪梨豬皮脆片拌飯
佐墨西哥青辣椒雷莫拉蛋黃醬

不管什麼菜，我都可以加上豬皮脆片。最棒的莫過於，即便不是美饌級食材，依然能在任何加油站的便利商店買到，這東西可以替一切菜色增添風味。總是讓我不禁想：「卡車司機到底還留一手什麼美味祕密？」當然，也可以使用炸豬皮（請看第121頁）替代自製豬皮脆片，但我不會對豬皮脆片挑三揀四，只要有豬皮香，我通通都喜歡。4 人份主菜或 6 人份開胃菜

RICE BOWL WITH TUNA, AVOCADO, PORK RINDS, AND JALAPEÑO RÉMOULADE

墨西哥青辣椒雷莫拉蛋黃醬

- 60毫升完美雷莫拉蛋黃醬（請看第18頁）
- 2顆墨西哥青辣椒 去籽切細

添料

- 8盎司（240克）生食等級鮪魚
- 1又1/2小匙麻油
- 1/4杯棕櫚芯，粗切
- 1顆酪梨 剖半去核，剝皮切丁
- 1棵小蘿蔓生菜心，略切
- 4杯白飯（請看第16頁）

盤飾

- 45克豬皮脆片
- 1大匙黑芝麻粒

步驟

1 製作墨西哥青辣椒雷莫拉蛋黃醬：將雷莫拉蛋黃醬和墨西哥青辣椒放入小碗，混勻，置旁備用。

2 將生鮪魚切成約 1 公分出頭的小丁，放到一只碗裡，混入 1/2 小匙麻油。將棕櫚芯、酪梨和蘿蔓生菜，放入另只碗裡，淋上剩餘的麻油。將兩碗食材置冰箱冷藏。

3 盛盤。將米飯舀進飯碗裡，放上些許蘿蔓生菜和酪梨，鋪在飯碗一側，接下來加一點豬皮脆片、芝麻粒和棕櫚芯到碗的另一側。最後把鮪魚丁隨機散放在所有蔬菜添料上，再舀一大匙雷莫拉蛋黃醬在每一碗鮪魚之上。立即以湯匙享用。開吃前先行攪拌一番乃最佳賞味法。

鮭魚、菊苣香菇拌飯
佐塔索火腿雷莫拉蛋黃醬

塔索（tasso）是路易斯安那州聞名的香料醃製豬肩肉火腿，有一種極為獨特的卡宴紅辣椒和煙燻味。如果買不到塔索火腿，用任何醃製火腿取代，另外再加一小撮卡宴紅辣椒粉和現磨黑胡椒粉。4 人份主菜或 6 人份開胃菜

RICE BOWL WITH SALMON, ENDIVE, SHITAKE, AND TASSO RÉMOULADE

塔索火腿雷莫拉蛋黃醬

- 1/2小匙橄欖油
- 120克塔索火腿（或其他熟成火腿，譬如義大利生火腿）切碎
- 5小匙完美雷莫拉蛋黃醬（請看第18頁）

鮭魚醃汁

- 2大匙醬油
- 2小匙現擠檸檬汁
- 1小匙糖
- 2小匙薑泥（microplane刨器可代勞）

添料

- 8盎司（240克）去皮鮭魚菲力切成約2.5公分大塊
- 2小匙橄欖油
- 45克去蒂頭鮮香菇，切片
- 1小匙醬油

- 4杯白飯（請看第16頁）

盤飾

- 1棵大菊苣，縱切成細條
- 30克芒果乾，切成極細條

步驟

1 製作塔索火腿雷莫拉蛋黃醬：取小煎鍋，以中火加熱橄欖油。放入火腿，中火煎炒，約 3 分鐘。移置紙巾瀝油，放涼備用。

2 將塔索火腿和雷莫拉蛋黃醬一起放入小碗，拌勻。

3 製作鮭魚醃汁：將所有食材混合。

4 製作添料：將鮭魚和醃汁混拌，確保魚丁均勻沾上醬汁，冰箱冷藏醃漬約 15 至 20 分鐘。瀝出鮭魚丁，丟棄醃汁。取紙巾擦乾鮭魚丁。以中大火加熱直徑約 10英吋（25公分）的煎鍋，倒入 1 大匙橄欖油，放鮭魚丁，煎炒約 3 至 4 分鐘，直到外層染上焦糖色，內裡依然粉嫩。輕輕按壓，魚肉應該會回彈而非散裂開來。將鮭魚移放到溫熱的餐盤。

5 將剩餘橄欖油放入鍋裡，以中火加熱，放進香菇片和醬油，炒煮約 4 至 5 分鐘，直到香菇變軟並焦糖化。

6 盛盤，將飯舀進飯碗裡。先放鮭魚和香菇，在每碗飯的鮭魚上，淋一大勺雷莫拉蛋黃醬。以菊苣絲和芒果絲裝飾，立即以湯匙享用。開吃前先行攪拌一番乃最佳賞味法。

石斑魚片味噌蛋花湯

只要我人在佛羅里達州，我總是大吃特吃石斑魚。這種魚似乎在潮流菜單進進出出，但對我而言，永遠是最愛。如果你有機會買到新鮮的石斑魚，比起油炸或烘烤，水煮可以煮出其他料理方式無法達到的細軟口感。4 人份

POACHED GROUPER IN EGG-DROP MISO BROTH

高湯

- 約1.5公升水
- 2片昆布
  每片約一片培根的大小
  （請看筆記）
- 1杯（15克）柴魚片
- 3大匙白味噌
- 7小匙醬油
- 1顆檸檬汁

- 180克蠔菇，洗淨
- 8根蘆筍
- 1條櫛瓜
- 1顆番薯
- 2顆大號雞蛋，有機尤佳
- 4顆杏桃乾，切薄片
- 8盎司（240克）
  去皮石斑魚菲力，切薄片

盤飾

- 1根青蔥，切細
- 1小匙煸香芝麻粒

步驟

1 製作高湯：將昆布和水放進小鍋裡，加熱至滾，微滾煮約 5 分鐘，熄火。放入柴魚片，浸泡約 15 分鐘。

2 在此同時，準備蔬菜：修切蠔菇並切片，放進中碗。

3 讓每根蘆筍平鋪在砧板，以削皮器由根往蘆筍花方向，刨下如薄紙般的蘆筍絲帶：抓住蘆筍底部，從大約 5 公分處開始朝上方片削，丟棄蘆筍根部，將蘆筍絲帶放入裝有蠔菇的碗裡。

4 將櫛瓜從中剖半。比照削蘆筍的方法，刨下櫛瓜絲帶，加入蘆筍蠔菇碗裡，丟棄櫛瓜兩端殘料。

5 以一把廚師刀，將番薯修切成約長約 7.5 公分，和高約 2.5 公分的長方塊（差不多是半條奶油的尺寸）。剖半之後，比照如上方法，刨下番薯薄絲帶，放入蔬菜碗裡，稍混拌。

6 將高湯濾到大碗裡：丟棄柴魚昆布。拭淨鍋子，倒回高湯。加入味噌、醬油和檸檬汁，以小火加熱至微滾，放進蔬菜絲帶，小火滾煮約 3 分鐘，快速放入雞蛋，慢慢溫柔攪動，蛋看起來會像在水底舞動的蜘蛛網。放進杏桃乾。

7 熄火，放入石斑魚薄片，泡煮約 3 分鐘，但勿超過。將高湯、蔬菜和石斑魚舀到溫熱碗裡，撒上蔥花和芝麻粒，立即享用。

昆布是乾燥過的海帶，大部分在日本北海道採收。和柴魚片一樣是用來煮製亞洲湯品和燉菜料理的基礎湯汁：日式高湯。一般裝在透明塑膠袋販售，只要封好放在陰涼乾燥處，即可長存不壞。

溫蝦沙拉
佐香茅
麵包酥屑

我真是如癡如狂地愛上香茅，但請務必使用新鮮正品：木質長莖，散發著誘人且難以捉摸的香氣。許多食譜會要求烹煮或浸泡，使其精華釋出。我覺得那樣的過程，其實大大削弱了濃烈鮮明的氣息，而那正是我最喜歡的特色。我通常只用從根部以上約 5 公分，莖裡最內裡嫩心部分。不斷剝除粗糙外殼，一直到質地細緻處，料理用的就是這部分。其他可以煮熱茶，晚上啜飲幫助放鬆。4 人份開胃菜

WARM SHRIMP SALAD WITH LEMONGRASS CRUMBS

香茅麵包酥屑

- 90克豬油玉米麵包（請看第220頁）捏碎約1/4杯
- 1根香茅莖，除外殼取嫩心以microplane刨器磨成泥約1小匙

- 1大匙橄欖油
- 12盎司（360克）大蝦（約21至25隻），去殼及腸泥
- 1杯粗切的無籽小黃瓜片
- 1顆波布拉諾辣椒（poblano pepper）切細丁
- 1罐240毫升（8盎司）荸薺瀝乾，沖洗，細切
- 2小匙現擠檸檬汁
- 1小匙醬油
- 少許魚露
- 1/4小匙卡宴紅辣椒粉
- 9根香茅，除外殼取嫩心以microplane刨器磨成泥約3大匙
- 1小匙新鮮薄荷碎
- 適量鹽和現磨黑胡椒粉，調味用

步驟

1. 以攝氏 215 度預熱烤箱。
2. 製作香茅酥屑：將玉米麵包平鋪於烤盤上，烘烤約 15 分鐘，或直到麵包屑酥脆。放涼，之後混入香茅泥拌勻。香茅會染得你一手清香。放在密封容器裡備用。
3. 取直徑約 10英吋（25公分）的煎鍋，以中火加熱橄欖油。放入大蝦，煎炒約 2 分鐘，或直到蝦肉變色，不再透明。加入小黃瓜、波布拉諾辣椒和荸薺，炒約 3 分鐘。添加檸檬汁、醬油和魚露，略煮收汁，約 1 分鐘。炒鍋離火，放入卡宴紅辣椒粉、香茅及薄荷。以鹽和黑胡椒調味。
4. 將蝦子分配到四只盤子上，撒上香茅酥屑，趁熱享用。

> 如果你不想自製玉米麵包，可買市售品取代：只要記得選擇無添加糖分的。真正的玉米麵包不含糖，加糖吃來像玉米瑪芬蛋糕。

熱炒魷魚拌培根沙拉
佐蘋果薑泥

這道沙拉滋味豐富，所有元素獲得很好的平衡。快速翻炒的魷魚，咬感絕佳，但一不小心就可能變成橡皮質地，所以務必把握烹調時間。它幾乎算是生的，只是過火熱一下下而已；也就是廚師們常說的：大火吻一下。倒是，魷魚味道偏淡，所以需要一些支援風味的卡司陣容。培根在這方面有過人之處，鮮薑和蘋果帶來的辣與酸，足以讓整道菜鮮亮起來。搭配麗絲玲（Riesling）白葡萄酒很理想。4 人份

QUICK- SAUTÉED SQUID AND BACON SALAD WITH GRATED GINGER AND APPLE

中東芝麻醬油醋汁

- 2大匙中東芝麻醬
- 2大匙麻油
- 3大匙水
- 1大匙雪莉酒醋
- 1大匙現擠檸檬汁
- 鹽和現磨黑胡椒

- 8盎司（240克）培根
  切成約1公分出頭的條狀
- 8尾魷魚
  切成細圓圈（請看筆記）
- 1小匙醬油
- 1/2小匙現擠檸檬汁
- 1/4小匙海鹽
- 少許現磨黑胡椒粉

盤飾

- 1顆史密斯青蘋果
- 2大匙現磨薑泥
  （microplane刨器可代勞）

- 1小把芝麻葉

步驟

1 製作沙拉醬汁：將中東芝麻醬、麻油、水、醋和檸檬汁放進果汁機，高速攪打至均勻混合。以鹽和黑胡椒調味。倒入瓶子或適合容器裡。

2 取直徑約10英吋（25公分）煎鍋，以中火加熱，放入培根，煎炒約5分鐘，或直到些微香酥，多數油脂釋出。移放到紙巾上瀝油，再放入大碗裡。

3 留約2小匙培根油脂於鍋中，其餘倒掉。以中大火加熱油脂，放入魷魚快炒，不斷翻拌約2分鐘。放醬油、檸檬汁、鹽和黑胡椒，續炒1分鐘，立即將鍋裡的魷魚，倒入盛培根的大碗。

4 用 microplane 刨器將半個青蘋果磨成泥，避開果核。將2大匙蘋果泥和薑泥混合（我會最後才做這步驟，以免蘋果氧化變色）。

5 盛盤，將芝麻葉分別放在四個盤子裡，放上魷魚混料，在每盤菜料上，淋大約1大匙中東芝麻醬油醋汁，再舀一點蘋果薑泥在魷魚上，立即享用。

魷魚必須極度新鮮，謝絕冷凍。這道菜的要訣就是：高溫快炒。炒太久，魷魚吃來如橡皮，所以先把所有其他材料備妥後，再熱鍋處理魷魚。

香辣鮮芹炒蛙腿

佐魚露和焦化奶油

我曾經住在紐約中國城附近，那裡買到的蛙腿，便宜又大隻。眾人老是開玩笑說，吃起來像雞腿，其實並不盡然。蛙腿的確有禽鳥肉的質地，另外還帶著一種水生動物的鮮活，堪稱海洋與陸地的美味結合。秉持同樣的精神，這食譜採用經典法式中以焦化奶油烹調蛙腿的技巧，融合我對東南亞魚露的熱愛，形成超棒的配搭。

如果你弄得到森斯克酒莊（Robert Sinskey）的黑皮諾桃紅葡萄酒（ Vin Gris of Pinot Noir Rosé），那可是絕佳上選。4 人份開胃菜

FROG'S LEG WITH CELERY, CHILE PEPPER, FISH SAUCE, AND BROWN BUTTER

步驟

1 用廚房剪刀從腿關節處剪開蛙腿，若有蛙掌則丟棄不用。

2 取大煎鍋，以大火融化奶油，不斷攪動，讓奶油稍微焦化，約 3 至 4 分鐘。奶油會散發出堅果香，轉中火，放進蛙腿。兩面各煎 2 分鐘。相繼快速放入白酒、紅辣椒碎、魚露、醋、鹽和黑胡椒。熄火。

3 放入西洋芹葉、塌棵菜和豌豆莢，和蛙腿輕柔混拌一番。立即享用。

買到蛙腿需要一點耐心。如果你住美國南方，認識擅長捕蛙的朋友，那就太幸運了，不過這應該不太可能發生。不然可以問問魚販，請他們幫忙訂購。但極大可能會是去皮的冷凍肉，但無妨，蛙腿挺適合冷凍。烹調前記得完全瀝乾，並以紙巾擦拭。

食材

- 8盎司（240克）蛙腿（請看筆記）
- 2大匙無鹽奶油
- 1大匙乾白葡萄酒
- 1/2小匙紅辣椒碎
- 1/4小匙魚露
- 1/4米醋
- 1/2小匙海鹽
- 1/4小匙現磨黑胡椒粉

盤飾

- 西洋芹內裡莖段上的嫩葉
- 1小把幼嫩塌棵菜或西洋菜
- 60克豌豆莢，斜切成細絲

炸鱒魚三明治佐涼拌梨子

鮮薑香菜和辣美乃滋

這是我對越南三明治（banh-mi）的詮釋。傳統上，越南三明治多用豬肉，以下是清新脆口的輕盈版本。在肯塔基和田納西河川沿岸有著悠久歷史的飛釣，棕鱒和虹鱒最常見。但你可用任何容易入手的鱒魚烹調。只要夠新鮮，鱒魚有著乾淨的堅果香氣，肉質柔軟更是入口即化。

可以配搭一包你最愛的洋芋片，和幾瓶創始者釀酒公司（Founders Brewing Company）出品的百年經典IPA啤酒（Centennial IPA）。可製作 4 個三明治

FRIED TROUT SANDWICHES WITH PEAR-GINGER-CILANTRO SLAW AND SPICY MAYO

辣美乃滋

- 240毫升美乃滋
  杜克牌尤佳
- 2顆新鮮泰國辣椒，切碎
- 4小匙現擠萊姆汁
- 1小匙魚露
- 1/4小匙鹽

涼拌梨子鮮薑香菜

- 1顆亞洲梨，去核
  切成火柴細棒狀
  約裝1又1/2杯
- 1杯新鮮綠豆芽
- 1杯粗切新鮮香菜
  （連莖梗帶葉）
- 1大匙鮮薑，磨泥
  （microplane刨器可代勞）
- 1小匙米醋
- 1小匙魚露
- 猶太鹽和現磨黑胡椒粉

步驟

1. 製作美乃滋：將所有食材放入碗裡，混勻。密封後冷藏備用。

2. 製作涼拌梨子鮮薑香菜：將梨子、綠豆芽、香菜、薑泥、醋和魚露，拌入中碗裡。以鹽和黑胡椒粉調味。試味道。嘗來甜美脆口嗎？很好。趁炸魚的時候，放冰箱冰鎮備用。

3. 製作天婦羅麵糊：將麵粉、玉米澱粉和鹽，放入碗裡混勻。放入蛋白、氣泡水，攪打直到質地接近鬆餅麵糊，勿攪打過度，有些小結塊沒關係。

4. 取大鑄鐵煎鍋，加熱，倒入約 1 公分深的蔬菜油，加熱到約攝氏 190 度。鱒魚兩面以鹽和黑胡椒粉調味。先放兩片魚菲力到麵糊裡，全面均勻沾裹，滴除多餘麵糊即入油鍋油炸，翻面一兩次，直到魚菲力熟透、呈金黃色澤，約 3 至 4 分鐘。放在鋪有紙巾的盤子上瀝去油脂。炸好的魚肉麵衣應該是金黃香酥，內裡的魚肉依然濕潤。保溫第一批出鍋的炸魚，以同樣方式處理剩下的菲力。

5. 組合三明治：以麵包刀將法國麵包縱向對半切開，在兩片麵包上塗抹辣美乃滋，置底的麵包上鋪上生菜，再疊上魚菲力和涼拌蔬果，放上另一片麵包。立即享用。

天婦羅麵糊

- 1杯中筋麵粉
- 1大匙玉米澱粉
- 1/2小匙猶太鹽
- 1顆大號雞蛋蛋白
- 240毫升氣泡水

- 蔬菜油，油炸用
- 4片4盎司（120克）鱈魚菲力
- 鹽和現磨黑胡椒粉

- 4條約15公分法國麵包

- 1個比伯生菜或波士頓生菜剝撕好菜葉

香煎鯰魚佐培根油醋汁

養殖鯰魚多年來有了長足的進步，再也不會滿是土腥味，或口感爛糊。現在的鯰魚味道乾淨，入口細緻。所以我不愛把鯰魚煎至焦黑，快速香煎就夠了。葡萄和培根是鯰魚的絕佳搭檔；味道濃郁到具強烈存在感，但又細緻得不至於喧賓奪主。做為一頓輕盈可口的夏日餐點，可以在這道魚料理之前，先上黃櫛瓜冷湯佐漬草莓（請看第202頁）。

PANFRIED CATFISH IN BACON VINAIGRETTE

培根油醋汁

- 3片粗切培根，切細丁
- 1瓣紅蔥頭，切碎
- 300克無籽紅葡萄
  約1又1/2杯
- 2大匙新鮮百里香碎
- 2小匙雪莉酒醋
- 1小匙克里奧爾芥末醬

- 4片去皮鯰魚菲力
  每片4盎司=約120克
- 適量鹽和現磨黑胡椒粉
- 1大匙無鹽奶油
- 1小匙橄欖油

盤飾

- 新鮮百里香，略切
- 無籽紅葡萄，切片

步 驟

1 製作油醋汁：取中型平底煎鍋，以大火香煎焙根，直到釋出油脂，約3分鐘。放入紅蔥頭，續煎炒，不斷攪拌，直到培根和紅蔥頭變成深棕色且香酥，約5分鐘。

2 在此同時，將葡萄放進果汁機，以暫停鍵間續攪打，直到碎裂出汁，但仍保有粗泥狀態，約十至十五次。

3 將葡萄泥倒入培根煎鍋裡，用木匙刮起鍋底沾黏焦黑精華，放進百里香、醋和芥末，轉小火，輕輕攪拌，小火滾煮約5分鐘。煎鍋離火，保溫油醋汁備用。

4 以鹽和黑胡椒調味鯰魚菲力。取大煎鍋，大火加熱奶油和橄欖油，當奶油冒煙時，放入鯰魚片，第一面煎約3分鐘，輕輕翻面，轉中火，再續煎3分鐘，直到香酥且熟透。離火。

5 舀幾大匙培根油醋汁到四個溫熱淺盤裡，放上鯰魚，以百里香和幾個葡萄切片裝飾。立即享用。

手抓
海鮮大雜燴

查爾斯頓是美國東岸最美的海岸城市之一。我每次去總是想盡辦法爭取獲邀參加低地海鮮雜燴（Lowcountry seafood boil）聚會。這菜說來一點也不複雜，海鮮大雜燴關鍵在於豐富澎湃，各式飲品和用手拆吃入腹。夏天時，我一天到晚在路易維爾舉辦手抓海鮮聚會，每一次都略有不同。

一開始，我想把這則食譜命名為肯塔基海鮮大雜燴，可是說到底，這食譜唯一最肯塔基的地方，就是我建議搭配波本威士忌而已。當然，你可以喝任何想喝的飲料，只要好玩就行。這餐點最重要的元素是：共食同歡的朋友，所以請慎選對象。另外，也得確定是大晴天，你不會想在室內吃這杯盤狼藉的一餐。在野餐桌上鋪好報紙，把海鮮雜燴倒上去。準備足夠的龍蝦鉗橇開螃蟹。

適合的配料：檸檬角、海鹽、辣醬、無水奶油、秋葵天婦羅（請看第208頁）、淺漬葛縷子黃瓜（請看第185頁）或義大利豬油膏玉米麵包（請看第220頁）。我喜歡準備各式各類飲品，讓客人自由搭配，像是葡萄牙白葡萄酒、十年陳年波本威士忌、清爽的皮爾森啤酒和大量的甜茶。8至10人份

SEAFOOD BOIL

香料袋

- 3大匙孜然
- 3大匙香菜籽
- 2大匙黑胡椒粒
- 1大匙鹽膚木粉（sumac）
- 1大匙紅辣椒碎
- 2片月桂葉

步驟

1 製作香料袋：將所有香料包在咖啡濾紙或乳酪濾布裡，以料理麻繩綁緊。

2 拿出手邊最大的，至少可盛裝35公升水量的鍋具，注水煮至滾。放進香料袋、檸檬、大蒜、波本威士忌、鹽和紅椒粉，煮至沸騰，轉小火，慢煮約15分鐘。

3 放進馬鈴薯和玉米，煮約 5 分鐘，下香腸、蝦子、螃蟹、蛤蜊、淡菜，煮至沸騰，持續滾煮，直到香腸熟透、蛤蜊和淡菜開殼（丟棄閉殼）、馬鈴薯和玉米熟軟，大約 10 至 12 分鐘。

4 撈出蔬菜、香腸和海鮮，放在鋪上幾張報紙的桌子。

- 5.5公升水
- 2顆檸檬，剖半
- 6顆蒜瓣
- 240毫升波本威士忌
- 1/2杯鹽
- 1大匙煙燻紅椒粉
- 900克紅皮小馬鈴薯
  洗刷乾淨
- 6根玉米，剝除外葉
  切成約2.5公分厚圓輪狀
- 450克豬肉香腸
- 450克超大帶殼蝦子
  有帶蝦頭的更好
- 4隻青蟹
- 8盎司（240克）短頸蛤蜊
  刷洗乾淨
- 8盎司（240克）淡菜
  刷洗乾淨，必要時去鬚

鹽膚木是一種由灌木漿果研磨而成的香料，散發淡淡檸檬酸香，在中東料理裡極受歡迎。

南方養殖的牡蠣

墨西哥灣和乞沙比克灣，是地球上僅存的兩個仍然高度依賴捕撈野生牡蠣的地區。不幸的是，乞沙比克灣的牡蠣產業，在一九八〇年代就逐漸走向衰退，而墨西哥灣如今也同樣處於岌岌可危的境地。其他地區的野生牡蠣，早在幾百年前，就因為過度捕撈而完全滅絕。像是紐約的牡蠣業者，早在一九〇〇年代，就不得不將載滿乞沙比克灣牡蠣的雙桅帆船，開到長島灣投下牡蠣，使牠們在當地水域「換產地」成長，最後以藍點牡蠣的名目出售。而隨著淘金熱接踵而來的巨大需求和過度捕撈，也使得奧林匹亞牡蠣，在二十世紀初就從舊金山灣消失。所幸，墨西哥灣和乞沙比克灣的資源豐富，使得在地人可以長期不斷地採收。但如今，這兩地生態也都瀕臨崩潰，而且所面臨的不只是牡蠣礁的減少：更攸關所有歷史、傳統、群體和生計。

崔維斯（Travis Croxton）和賴安（Ryan Croxton）兩兄弟，在東維吉尼亞州的拉帕漢諾克河經營牡蠣養殖公司，正發起一場把野生動物和潔淨水域，連同乞沙比克灣原生的美東牡蠣（*Crassostrea virginica*），帶回乞沙比克灣的運動。我最喜歡的兩款牡蠣，是他們家的拉帕漢諾克河牡蠣和Olde Salts牡蠣，兩者皆屬純淨品種，不論生食或烤熟都一樣美味，特別適合堆疊上橙香和奶油的調味。

從牡蠣的地理來源進行識別，是近年興起的趨勢，這使得太平洋西北方和科德角某些地區的牡蠣擁有「性感牡蠣」的美稱。墨西哥沿岸的牡蠣，除了介於佛羅里達州狹長的阿帕拉契科拉灣內的知名牡蠣礁之外，大多數仍以「墨西哥灣牡蠣」的通稱出售。擁有加爾維斯敦海岸優質牡蠣礁的德州，也在進行將牡蠣標示特定海域產地的運動。這一切的活力和覺醒意識，可確保南方牡蠣群體的勃勃生氣，仍能保有足以與北方冷水牡蠣相抗衡的產業。

RAPPAHANNOCK
GULF COAST
OLDE SALTS

生蠔
佐大黃醋汁

每當春天大黃發芽，我就滿腦子想做這道菜。身處路易維爾的我們很幸運，有大量的大黃可以採收。對某些人來說，大黃酸得過火，但我是忠實粉絲。和新鮮牡蠣的海鹽味搭起來，簡直無與倫比。可製作2打生蠔

RAW OYSTERS WITH RHUBARB MIGNONETTE

大黃醋汁

- 60毫升香檳醋
- 1大匙水
- 1/4杯粗切大黃
  加2小匙細丁（請看筆記）
- 1/2小匙糖
- 2小匙細切紅蔥頭
- 1/4小匙魚露
- 海鹽
- 1/4小匙現磨黑胡椒

- 2打你偏好的生蠔
  刷淨，開殼，底殼帶肉上菜

步驟

1 製作大黃醋汁：取小一點的鍋具，加熱醋、水、大黃丁塊和糖，別煮至沸騰。約2分鐘後，當醋水摸起來夠熱，熄火，使其浸漬半小時。醋汁會被大黃染上鮮亮粉紅色澤。

2 濾出醋汁到小碗裡，置冰箱到完全冰涼，丟棄煮過的大黃。

3 把大黃細丁、紅蔥頭、魚露、適量鹽和黑胡椒都加進放涼的醋汁裡。

4 將帶底殼的牡蠣排放在碎冰上，淋上大黃醋汁，或者把醋汁另外盛裝置旁蘸食。

> 大黃應該是豔麗的粉紅到深紅色澤，千萬別用提前採收的綠色莖梗。而大黃的葉子有毒，通常在市場販售的都會修剪掉，但以防萬一，若在農夫市集看到，記得剪掉葉子並丟棄。

溫熱牡蠣佐波本威士忌焦化奶油

我喜歡在戶外磚砌火爐烹調牡蠣，但你也能在廚房的烤箱料理這道菜，只要熱度能達到攝氏260度的話。在我把牡蠣拿出烤爐後，會在客人面前去殼。我手上永遠備著多把牡蠣刀，因為大家都很喜歡加入剖蚵行列。很好玩，而且剛出爐的牡蠣，簡直是天堂美味。和一群磨拳擦掌、不擔心把手弄髒的客人一起動手，是我認為品味此料理的最佳方式。

WARMED OYSTERS WITH BOURBON BROWN BUTTER

步驟

1 烤箱以最高溫設定預熱。在大鑄鐵平底鍋底鋪上一層岩鹽，在烤箱裡加熱至少15分鐘。

2 在此同時，製作焦化奶油：取一小湯鍋，以中火加熱奶油，直到開始冒細泡，約2分鐘。放鹽，差不多再續煮2分鐘，直到奶油變深棕色，空氣裡飄散出堅果香。熄火，以木匙刮起鍋底牛奶固形渣（這可是風味來源），接著慢慢地將波本威士忌倒入，奶油會瘋狂冒泡，拌入檸檬汁，撇除浮沫，保溫備用。

3 將牡蠣排放在熱鹽上，烤約4至6分鐘。當牡蠣殼邊緣冒起泡泡時，就大功告成。當你彎腰拿取鑄鐵鍋時，應該會聞到微滾著的牡蠣汁液散發出令人齒頰生津的香氣。

4 牡蠣的上殼應該能輕易以牡蠣刀撬開，先去掉上殼，將牡蠣連同下殼放回岩鹽上。淋上波本焦化奶油，或放置一旁供蘸食。撒上萊姆皮屑和香菜碎。

食材

- 足夠鋪滿一只大鑄鐵煎鍋底部的岩鹽

波本威士忌焦化奶油

- 6大匙無鹽奶油
- 1/2小匙海鹽
- 60毫升波本威士忌
- 幾滴現擠檸檬汁

- 12顆生牡蠣，刷淨

盤飾

- 2顆萊姆磨下的皮屑
- 1大匙切碎新鮮香菜

剛出爐的牡蠣，外殼極度燙手，記得備好廚房毛巾拿取牡蠣。牡蠣只有在熱呼呼時享用才美味，所以開吃前，再放進火爐或烤箱烘烤。

玉米粉酥炸牡蠣生菜捲

牡蠣生菜捲在雞尾酒派對上，永遠是最具人氣的菜色，總是被一掃而光。濃郁鮮甜的鄉村火腿和溫熱牡蠣的結合，有一種把這道菜帶到另個層次的魔力。真正的比伯生菜有特殊的大地氣息，有人說是從肯塔基富含石炭岩的土壤而來。如果買不到比伯生菜，波士頓或奶油生菜皆可取代。可製4捲

CORNMEAL-FRIED OYSTER LETTUCE WRAPS

魚子醬美乃滋

- 60毫升美乃滋
  杜克牌尤佳
- 30克匙吻鱘魚子醬
  （請看「食材採買一覽」第291頁）
- 幾滴現擠檸檬汁

- 芥花油，油炸用
- 1/2杯中筋麵粉
- 1/2杯細玉米粉
- 1顆大號雞蛋
- 1小匙水
- 1小匙全脂牛奶
- 8顆牡蠣，去殼
- 猶太鹽
- 4片鄉村火腿
- 4片比伯生菜葉

步驟

1 製作美乃滋：將所有食材放進玻璃碗裡，以橡皮刮刀或塑膠湯匙輕柔翻拌。冰箱冷藏備用。

2 取一只大鑄鐵鍋，倒入約1公分厚的芥花油，以中小火加熱至約攝氏160度。在此同時，將麵粉和玉米粉，分別放進各自的淺碟裡。再取另一個淺碟，混拌雞蛋和牛奶。先將牡蠣兩面沾取麵粉，浸入蛋液，滴除多餘汁液，再放入玉米粉裡滾一滾，翻面使其均勻沾裹。

3 油炸牡蠣，翻面一次，直到外表金黃香酥，2至3分鐘。置於鋪上紙巾的盤子上瀝油，以鹽調味。

4 取一片火腿，鋪在生菜葉上，再放兩顆炸牡蠣，捲或包起，裡頭舀一點魚子醬美乃滋，立即享用。

美國南方到處都買得到匙吻鱘魚子醬，又叫白鱘，是淡水鱘魚的魚卵。口感好，帶有深邃的海鹹滋味。價格不低，但遠遠比不上裏海魚子醬驚人的價位。而且匙吻鱘魚子醬符合永續性，這是我的餐廳選用食材時至關緊要的一件事。

漁人

第一次遇見布萊恩．凱斯威爾（Bryan Caswell）是在查爾斯頓，我們在當地舉辦的一場探討南方食物的座談上擔任講者。那天晚上，我向兩名大學生下戰帖，比賽喝啤酒——盛裝在約兩公升靴子造型啤酒杯的量。我沒有搭檔，所以我就問布萊恩，願不願意和我組隊。他連眉頭也沒皺一下就答應了，我們輕鬆電爆了那兩名大學生。像這樣的冒險精神，充斥在布萊恩做的每一件事裡。他是我遇過最狂熱的漁人。當他聊起墨西哥灣海釣時，那話語彷彿來自他靈魂的最深處。

「早在我站在爐台之前，我就是個漁人了。成長於休士頓，我踏遍從阿帕拉契科拉河到布朗斯維爾之間的墨西哥灣，搜尋各種魚類和甲殼類等海洋生物。即便擁有數百種的可食物種，我依然不斷為這俗稱『第三海岸』的多樣豐饒感到驚嘆不已。墨西哥灣沿岸擁有世界上僅存的最大野生牡蠣族群，一望無際的大片海草灘和沙洲，百花花園（Flower Garden）海洋保護區的絕美壯麗珊瑚礁，及湛藍的海洋深度。從近海到離海，地球上再也找不到一處像這樣的地方，而我何其幸運能以此地為家。」

——布萊恩．凱斯威爾

休士頓 Reef 海鮮餐廳，廚師／老闆

PICKLES & MATRIMONY

漬物與婚姻

韓國迷信——女生飯後的碗裡若留下飯粒，以後會有個滿臉麻子的丈夫。

醃漬菜就像愛情，兩者都需要時間

然後又會擔心最後可能無法如願，但其實只要有耐心，終將會有一個圓滿的快樂結局。作家蘿莉・柯文（Laurie Colwin）曾說：「最能在廚房裡盡情揮灑的方式，就是得長時間跟在某人身邊學習。」小時候，我常看著祖母製作泡菜，感覺好像有做不完的作業，不是在大白菜上撒鹽，就是在磨薑泥，或是把菜壓進瓶子裡。一旦大白菜大功告成，她便馬上處理起小黃瓜、蘿蔔、韭菜和青紫蘇葉。

接著，她會用一些像是墨魚乾、乾木耳和蕨菜等，不尋常的食材製作。當我終於能站上廚房的時候，我會模仿她的動作。在沒有食譜的情況下，我得這麼做才知道自己是對的。我從祖母那裡學會如何用手腕擦掉眉間的汗水，還有手指是蘸食與試味道的好工具。

我愛祖母，而她對我的愛也一樣無止境，即便我有許多缺點。有一次，我從中國城買回一隻鴨子，想照著中式食譜料理。我用了廚房裡的每一只鍋子和所有用具，油漬醬汁到處噴濺，連在沒人想得到的地方都難以倖免（誰會想到醬油會噴到天花板上）。而有一件事我沒料到，就是中國城賣的都是「未經修整」的鴨子（即所有肉臟都還在），但食譜書假定我使用的是經過修整的全鴨（已去除有點噁心的內臟）。我完全按照食譜的每個指示操作，完成時，鴨子看起來渾身油亮且鼓脹飽滿。因為父母在上班，晚餐通常都只有我和祖母，但我們會假裝有一屋子的客人共享滿桌盛宴。她會把餐巾折成三角形，然後倒熱茶。但當我刺破鴨皮時，綠色腸液般的汁水噴到我大腿，我們只好挑下一些鴨肉來吃。當我還在想著到底哪裡做錯時，祖母已經耐心地收拾著我的爛攤子。

她有著那種守寡多年在帶孫子時，才會有的耐心和愛心，直到她認識我的猶太裔女友。黛柏拉是八年級生，大我一屆。她總是穿著粉色系衣服，在赤褐色的瀏海下，臉上有著芝麻般的雀斑，讓我著迷不已。她有時候會來我家一起看電視——這時，祖母通常會把她的泡菜罐瓶蓋旋緊，泡好的鯷魚藏起來，當然，黛柏拉休想喝到她的柿乾茶。黛柏拉離開之後，祖母會要我坐下來聽她說，她每晚唯一的祈求，就是希望我能遇到一位很好的韓國女孩。一旦她得知我找到對的另一半時，她便能安心快樂地與世長辭。她一點也不介意把上帝抬出來，當我告訴她會遵照她的意思時，她還要我把手放在《聖經》上發誓，那年我十三歲。但我祖母是個執著堅定的女人，她活得比我和黛柏拉、莎拉和蘿莉的戀情更久，而她們沒有一個吃到她的泡菜。她的聖經封面接縫處都脫線了。

祖母臨終前，要我發誓會選一個好太太，我答應她。我明白她的意思是找個韓國太太，但我們倆都不想把話挑明。我也告訴她，我才找到一份能賺大錢的工作。但那是我騙她的，至少讓她安心，減輕幾個小時的疼痛。我祖母剛好在一九九七年的元旦，和歌手湯斯・范・贊特（Townes Van Zandt）同一天過逝。有時我會幻想著他們在天堂門口一起排隊，湯斯為她演唱一首歌，她會告訴他，「我孫子常聽那首歌。」她說：「還老想著要打動哪個白人女孩。」然後他們一起放聲大笑，平靜地走進另一個世界。

差不多是時候告訴我媽，和黛安訂婚的消息時，我約全家人到一家韓國餐廳，她似乎有預感會聽到什麼消息，因為我從來不曾邀我父母共進晚餐。和多數人相比，我媽算是開明的，想法先進、幽默風趣又心胸開放。但她終究是個母親，也依然是韓國人。她有一份我從高中時期開始交往過的歷任韓國女友名單，每一位的動態，她都仍追蹤著。當她發現臉書的存在時，那簡直像是為她量身打造的發明一樣。她把我前女友們的資料一一記錄在索引卡片上，彷彿在挑選職棒球員似的。只要有人結婚，她就把那張卡片扔掉。那晚，她把手提包抓得格外緊，彷彿不想失去那一兩張還在包包裡載浮載沉的卡片。

我跟黛安說，不管那晚發生什麼事，要像彷彿沒有明天一樣，死命地吃泡菜。在我宣布要和黛安訂婚的消息當下，大家忽然講起韓文，那從來不曾在我家發生過。黛安勇敢、堅強、美麗又有耐心，而且她吃掉差不多半公斤的泡菜。我媽的反應也可圈可點，她甚至還露出微笑。我爸有十年沒對我笑了，但那一晚，他笑著擁抱黛安。我媽變得靜默，看得出來她在努力壓抑情緒，她想找一些喜歡黛安的理由，一些能說出口歡迎黛安加入的話語。在一陣長長的沉默後，她抬頭看著我說：「她喜歡泡菜，是吧？」她用英文說。那是她給我們的祝福。

接著，輪到我去見黛安的家人。印地安那州的斐迪南，是一個非常小且德裔天主教色彩濃厚的地方。那是個古樸的小鎮，儘管古樸通常意味著不完美，而斐迪南卻十分完美。草坪修剪成精準的角度，就連最小的房子也打掃得一塵不染；車道上停的車子，好像用棉花棒擦拭過的潔淨。那是黛安的世界——節制謙遜卻不乏資源。沒有什麼比高麗菜更具利用價值的資源了。有什麼比德國酸菜（sauerkraut），也就是高麗菜和鹽這獨創性的結合更卓越的吧？德國酸菜可是他們引以為傲的極致表現。

黛安的酸高麗菜是奇本布洛克出品，意謂來自她媽媽那邊的家族。他們有一整個擺滿酸菜瓶罐的祕密櫃子。排滿整齊的 240 毫升梅森玻璃瓶，每個瓶蓋下方，都蓋上一小塊薄棉布，以保護底下脆口的發酵好食。當我們去黛安家拜訪時，通常她的所有兄弟姊妹和姪子姪女，都會全員到齊。我們會共享不夠鹹的烤火雞、馬鈴薯泥、煮過頭的四季豆、火腿三明治、香腸和一道他們稱之為「沙拉」的古怪肉凍料理，以雪碧做的果凍，核桃、鳳梨丁和鮮奶油乳酪塊飄浮其中。但整個晚餐桌上，從沒出現過德國酸菜。彷彿那太珍貴無法隨意分享，感覺像是：我們還沒掙得能夠品嘗的殊榮。

沒有什麼比高麗菜更具利用價值的資源了。

黛安的媽媽以一雙法眼注視全場。她讓大家盡情談天說笑，但時不時會慢半拍地丟出一句話，好讓大家保持警覺。沒有任何事逃得過她的耳目，甚至連地方教堂印製的祈禱文傳單上的暗語訊息，都不例外。

第一次吃她做的德國酸菜，我問她裡頭是不是有放杜松子，我聽起來肯定像是個沒見過世面的土包子。我吃到的味道有：八角、濃蒜味，接著是蘋果酒和酵母，以及一絲丁香的氣息。她憐憫地說，德國酸菜就是高麗菜和鹽。但那可不是隨隨便便的高麗菜，而是黛安的爸爸親手在後院種的，代代流傳下來不變的古法：用愛種植照顧而來。又一次我問黛安的媽媽，能不能給我食譜，我還認真地拿出鉛筆和紙準備記錄。先從分量開始吧！她說：「大概是你手臂抱得動的高麗菜量，然後切細絲。」「大概多少呢？」我問。「一兩大桶吧！」「多少鹽呢？」我問。「加到剛剛好為止，然後發酵一陣子，直到完成。最重要的是，你得向下壓緊壓實。之後，看到出水就是大功告成了。」

聰明的女士

黛安家的晚餐從來不冗長，像是濃縮且照腳本走，沒有不必要的逗留。當家庭成員一一告別時，黛安的媽媽會分送德國酸菜。看似隨機——大部分人會拿到一罐，有些拿到兩罐，有人空手離開。沒有人會多說什麼，她給什麼，我們就拿，如此簡單。我沒辦法推敲出她的分配機制；只有她知道存量有多少，而她也控制配給。換成別的年代，她早就是女皇了。

當我到斐迪南進行那至關重要的初訪時，帶了一封寫給黛安父母的信。我在客廳念著信，告訴他們有多愛他們的女兒，有多渴望和她共度一生；我請求他們的許可，也得到祝福。但是，如同我父母，他們也很克制，不表露太多情緒。我們共享愉快的晚餐，聊著斐迪南居民的八卦。臨走時，黛安的媽媽給了六罐德國酸菜。

四季泡菜

對我來說，高麗菜就等同泡菜，反之亦然。而大白菜是傳統泡菜使用的品種——就是在韓國家庭每頓飯都會出現的那個紅辣版本。但「泡菜」這個詞並非專屬於這個家族。倒不如把它當成動詞。你可以「泡漬各式各樣的菜」，高麗菜以外如：小黃瓜、蘿蔔、牡蠣，甚至是水果。製作方法才是重點：發酵的過程才能搖身一變為泡菜。我一直致力於把各種食材變成泡菜。在這章裡，我分享了四種私愛的泡菜製法，可依季節替換。每則食譜都分為三部分：高麗菜、泥醬和添香配料（即所有賜予泡菜風味和質地的切碎蔬菜香料）。一旦讀畢食譜，你將會理解製作泡菜的過程，不過是這三大元素的加總組合，以及第四元素：時間。當掌握了關鍵技巧，就可以海闊天空實驗探索任何想製作的泡菜。泡菜製作的選擇可是無極限呢。

SPRING
SUMMER
FALL
WINTER

紫紅高麗培根泡菜（冬季）

紫紅高麗菜賜予這道泡菜明豔色澤，在食物多半偏單調的暗沉冬季，看起來格外賞心悅目。適合搭配德國油煎香腸、炸雞風泡麵酥炸豬排（請看第124頁），或香茅哈瓦那辣椒丁骨牛排（請看第79頁）。拌入一些菠菜或羽衣甘藍到泡菜裡，就成為一道沙拉。培根可增添深度和鹹味，如果想做素泡菜，不加也很可以。可製4.5公升密封罐左右的量

RED CABBAGE-BACON KIMCHI (WINTER)

高麗菜

- 2顆紫紅高麗菜（總共約2公斤上下）
- 1/2杯猶太鹽

泥醬

- 720毫升水
- 1/2杯糯米粉（請看筆記）
- 1/4杯糖

添香配料

- 2顆小紫洋蔥，切薄絲
- 360克紅蘿蔔刨絲（使用刨絲器）
- 3顆史密斯青蘋果，去核切薄片
- 1/2杯韓國辣椒碎
- 120毫升魚露
- 3顆蒜瓣，磨泥（microplane刨器可代勞）
- 1小段約60克鮮薑，磨泥（microplane刨器可代勞）
- 3片培根，煎至香酥，紙巾瀝油，捏碎

步驟

1 用手或食物調理機，將紫紅高麗刨絲，放在大碗裡。撒鹽，混拌均勻。靜置約40分鐘。瀝乾、沖水，再放回大碗裡。

2 在此同時，製泥醬：將水、糯米粉和糖放在中型鍋具裡，加熱煮至微滾，不斷地攪拌，直到汁液稠化，約1至2分鐘。靜置放涼。

3 製作添香配料：將紫洋蔥、紅蘿蔔、青蘋果，紅辣椒碎、魚露、大蒜、薑和紫紅高麗菜放進另一只大盆裡。

4 把配料混入放涼的泥醬：放入培根，混拌均勻。戴上乾淨的乳膠手套，將泥醬和紫紅高麗菜完全拌在一起。將泡菜移放到近4公升的玻璃罐，或者有密閉蓋子的真空塑膠容器裡。室溫靜置24小時，放入冰箱。大約四至五天後，即可食用，冷藏大約可以保存兩個禮拜。

糯米粉又叫甜米粉，一般亞洲超市可買到。

綠番茄泡菜（春季）

我永遠在尋找料理綠番茄的新方法，因為肯塔基有不虞匱乏的綠番茄。它為這款泡菜增添脆口咬感和春天的淡綠色澤。孢子甘藍是高麗菜家族的一員，帶來細緻的甘藍氣息和質地。這款泡菜配上蟹肉餅，真是美味到爆炸，也可以做為肝醬和熟食冷肉拼盤的配菜，或是和阿多波炸雞（請看第94頁）共食。約可製作 4 公升左右的量

GREEN TOMATO KIMCHI (SPRING)

孢子甘藍

- 900克孢子甘藍，切細
- 900克綠番茄，切細片
- 1/4杯猶太鹽

泥醬

- 360毫升水
- 1/4杯糯米粉
- 2大匙糖

添香配料

- 180克白蘿蔔刨絲（使用刨絲器）
- 2顆蒜瓣，磨泥（microplane刨器可代勞）
- 1小段約60克鮮薑，磨泥（microplane刨器可代勞）
- 1小匙韓國紅辣椒碎
- 60毫升魚露
- 60毫升米醋
- 1/2杯香菜碎

步驟

1 取個大盆，混拌孢子甘藍、綠番茄和鹽。室溫靜置約半小時。瀝乾、沖水，移放到另個大碗裡。

2 製作泥醬：將水、糯米粉和糖放進中型鍋具，加熱至微滾，不斷攪拌，直到汁液稠化，約 1 至 2 分鐘。趁製作添香配料時，靜置放涼。

3 製作添香配料：將白蘿蔔、蒜、薑、紅辣椒碎、魚露和醋放進食物調理機，攪打成粗泥。

4 將添香配料拌入放涼的泥醬裡，放進香菜。

5 戴上乾淨乳膠手套，將添香配料和孢子甘藍充分混拌。將泡菜移放到大玻璃罐，或者有密閉蓋子的真空塑膠容器裡。室溫靜置 24 小時，放入冰箱。大約四至五天後，即可食用，冷藏大約可以保存兩個禮拜。

白梨泡菜（夏季）

WHITE PEAR KIMCHI (SUMMER)

這款泡菜特別友善素食者，且非常溫和，因為既沒有添加魚露，也不放紅辣椒粉。傳統上，只在夏季食用，我通常拿來搭配冷涼菜色如蝦子沙拉，或切一切，加進鹹牛肉三明治裡。這也是一款從容器取出後，就能直接當做沙拉上桌的泡菜。約可製作 4.5 公升密封罐的量

大白菜

- 1顆大白菜（總共約2公斤上下）
- 5.5公升水
- 1杯猶太鹽

泥醬

- 720毫升水
- 1/2杯糯米粉
- 1/3杯糖

添香配料

- 1杯洋蔥丁
- 1顆亞洲梨（約300克）去皮去核切小丁
- 240克白蘿蔔，刨絲（使用刨絲器）
- 1小段約120克鮮薑，磨泥（microplane刨器可代勞）
- 6顆蒜瓣，磨泥（microplane刨器可代勞）
- 1/4杯猶太鹽
- 2小匙香菜籽粉
- 1又1/2小匙茴香籽粉

- 1朵小青花椰，修切為適口大小
- 2顆紅甜椒，去芯去籽，切成絲帶狀
- 2顆黃甜椒，去芯去籽，切成絲帶狀
- 4顆塞拉諾辣椒或墨西哥青辣椒，切細
- 1/2杯松子

步驟

1 將大白菜縱向分切成四等分，去除菜芯，丟棄不用。將白菜放進大容器裡，加水和鹽。室溫靜置 2 小時，瀝乾，沖水。

2 粗略把白菜切成約 5 公分條段，移放到一個大碗裡。

3 製作泥醬：將水、糯米粉和糖放進中型鍋具，加熱至微滾，不斷攪拌，直到汁液稠化，約 1 至 2 分鐘。趁製作添香配料時，靜置放涼。

4 製作添香配料：將洋蔥、梨子、白蘿蔔、薑、蒜、鹽、香菜籽粉和茴香籽粉放入食物調理機，攪打成粗泥。

5 將添香配料和泥醬混合。放進青花椰、紅黃甜椒、塞拉諾辣椒及松子。

6 戴上乾淨乳膠手套，將添香配料和大白菜充分混拌。將泡菜移放到近 4 公升的大玻璃罐，或者有密閉蓋子的真空塑膠容器裡。室溫靜置 24 小時，放入冰箱。大約四至五天後，即可食用，冷藏大約可以保存兩個禮拜。

香辣
大白菜泡菜
（秋季）

SPICY NAPA KIMCHI (FALL)

你應該認得這款泡菜，它是最具人氣的版本。傳統食譜會指示放入鹽漬過或發酵過的蝦醬，但不容易找到品質穩定的品牌；我發現上好魚露一樣能勝任。至於發酵時間長短由你決定。有人喜歡醃久一點，有更強的酸臭味，那也是我的偏好；若發酵得短一點，得到的是清新爽脆的結果，風味可能比較像堆疊上去，而不是和諧地融為一體。

這款泡菜極適合搭配肥腴的肉品——豬、牛小排、漢堡或熱狗——和任何炙烤處理的肉料理。大約可製 4.5 公升密封罐的量

大白菜

- 1個大號大白菜（約2公斤上下）
- 5.5公升水
- 1杯猶太鹽

泥醬

- 720毫升水
- 3/4杯糯米粉
- 1/4杯糖

添香配料

- 1杯洋蔥丁
- 2又1/2杯韓國紅辣椒碎
- 300克白蘿蔔，刨絲（使用刨絲器）
- 1小段約120克鮮薑，磨泥（microplane刨器可代勞）
- 6顆蒜瓣，磨泥（microplane刨器可代勞）
- 80毫升魚露
- 2杯蔥花

步驟

1. 將大白菜縱向分切成四等分，去除菜芯，丟棄不用。將白菜放進大容器裡，加水和鹽。室溫靜置 2 小時，瀝乾，沖水。
2. 粗略把白菜切成約 5 公分條段，移放到一個大碗裡。
3. 製作泥醬：將水、糯米粉和糖放進中型鍋具，加熱至微滾，不斷攪拌，直到汁液稠化，約 1 至 2 分鐘。趁製作添香配料時，靜置放涼。
4. 製作添香配料：將洋蔥、紅辣椒碎、白蘿蔔、薑、蒜和魚露放進食物調理機，攪到充分混合。
5. 將添香配料混入放涼的泥醬，加入蔥花。
6. 戴上乾淨乳膠手套，將添香配料和大白菜充分混拌。將泡菜移放到近 4 公升的大玻璃罐，或者有密閉蓋子的真空塑膠容器裡。室溫靜置至少 24 小時，或長達一天半，放入冰箱。大約四至五天後，即可食用，冷藏大約可以保存兩個禮拜。

高麗菜

高麗菜及整個十字花科家族在歷史上，對於許多文化和地區都至關重要——包括華人、羅馬人、埃及人、猶太人、中東地區、印度、德國、斯堪地那維亞、波蘭、俄羅斯及愛爾蘭……族繁不及備載。高麗菜據說可以治癒慢性發炎、宿醉，甚至禽流感等各種病症。然而，儘管在眾多亞洲與歐洲文化和料理中是如此重要，卻不會在任何人的最愛食材清單上看到，而且也永遠不可能登上美食雜誌封面。因為高麗菜實在太平易近人了（就像那個總在第一聲鈴響就接起電話的女孩，不怎麼性感）。但這些容易讓高麗菜被忽視的特質——比如好種、生長快速、產量豐富，正是讓它成為稱得上歷史上最重要蔬菜的主因。在戰爭、瘟疫與饑荒時期，整個文明曾經靠著燉煮或醃漬的高麗菜維生。這段過程中，這些文化也各自發明了美味的方式，享用這個無名蔬菜英雄。

Brussels Sprouts
Green Cabbage
Red Cabbage
Napa
Savoy

鳳梨醋漬豆薯

帶有微甜的根莖類蔬菜豆薯，在墨西哥和東南亞料理中常被廣泛使用。白皙爽脆的內裡，非常適合醃漬，因為能在不流失細緻甜味的前提下，完全吸收漬汁的滋味。這裡使用的鳳梨汁，有紅辣椒碎和新鮮薄荷助陣，賜予豆薯熱帶風味。

這是屬於淺漬類食譜。趁著漬汁熱燙時加入豆薯，可比一般傳統醃漬汁更快軟化，並滲透進豆薯裡。最快一天就能完成，即刻享用。

我喜歡用這道醋漬豆薯配亞洲 BBQ 燒烤，也愛單獨盛裝，和其他堅果及漬朝鮮薊一起在雞尾酒派對上擔綱演出。可製作約近 1 公升的量

PINEAPPLE-PICKLED JICAMA

食材

- 1顆小豆薯（約450克）
- 1顆小紅甜椒
- 1顆小黃甜椒
- 1顆鳳梨
- 120毫升蒸餾白醋
- 60毫升水
- 1又1/2大匙糖
- 1大匙鹽
- 1小匙紅辣椒碎
- 2顆八角
- 3顆丁香
- 幾株新鮮薄荷

步驟

1. 豆薯去皮，切成約 0.5 公分寬，2.5 公分長的火柴棒細條。甜椒去芯、去籽，切成差不多長度的薄絲帶。

2. 鳳梨去皮、去芯，切成丁塊後，和水與醋一起放入果汁機，低速攪打。避免鳳梨汁起泡，勿攪打過度。以濾勺過濾鳳梨汁到碗裡，去掉纖維殘渣。

3. 將鳳梨汁倒入一只小湯鍋，加熱至微滾，放入糖和鹽，微火滾煮約 5 分鐘，不時攪拌幫助溶解。離火。

4. 將豆薯和甜椒填進約 1 公升的玻璃瓶裡，陸續放入紅辣椒碎、八角、丁香和薄荷。倒入滾熱鳳梨醋汁，緊蓋瓶蓋，放入冰箱至少一天之後，再開瓶享用。冷藏可保存兩個禮拜。

淺漬
葛縷子黃瓜

如果你只有一天的時間做漬物，那就做這則食譜。雖然隔天風味會更上乘，製作當天便可開吃。葛縷子可以讓你暫時告別一下市面常見的蒔蘿風味酸黃瓜。我沒有特別瀝出葛縷子；假以時日，它們會軟化到可以直接食用，而且很可口。約可製作 2.5 公升的量

QUICK CARAWAY PICKLES

食材

- 約1公斤出頭的醃漬用黃瓜
  譬如科比品種，刷淨
  切成厚約1公分的圓片
- 1/2杯猶太鹽
- 480毫升米醋
- 480毫升蘋果醋
- 240毫升水
- 1杯糖
- 2大匙葛縷子
- 2小匙紅辣椒碎
  1根肉桂

步驟

1 將小黃瓜放入大玻璃瓶或塑膠容器裡。

2 取一大湯鍋，放入鹽、兩種醋、水、糖、葛縷子、紅辣椒碎和肉桂，加熱至沸騰，持續攪拌直到糖完全溶解。熄火，放涼約 10 分鐘。

3 將醋汁倒進裝有小黃瓜的容器，緊閉瓶蓋，或者用幾層保鮮膜密封，放入冰箱。大約 4 小時後，黃瓜即可食用，但隔天風味更佳。冷藏可保存三天。

波本醋漬墨西哥青辣椒

這則食譜不必多做解釋——它有著諸多優點。我一般用這墨西哥青辣椒做各種料理的盤飾，也大量運用在雞尾酒裡。大約可製 1.5 公升的量

BOURBON-PICKLED JALAPEÑOS

步驟

1 戴上拋棄式手套，將墨西哥青辣椒切成約半公分左右圓片，放入玻璃瓶。

2 將醋、波本威士忌、蜂蜜、香菜籽、鹽、芥末籽和月桂葉放進小鍋具，煮至沸騰，小火慢滾約 5 分鐘。

3 將熱醋水倒入裝有青辣椒的玻璃瓶，緊閉瓶蓋，室溫放涼，置冰箱。三天後可開瓶享用，冷藏可保存兩週。

食材

- 480克墨西哥青辣椒
- 300毫升蒸餾白醋
- 240毫升波本威士忌
- 120毫升蜂蜜
- 2小匙香菜籽
- 1小匙鹽
- 1小匙黃芥末籽
- 2片月桂葉

醃漬

當我在食譜裡提到淺漬時，那意謂著使用醋來加速醃漬過程，而不是透過食材本身發酵進行。真正的醃漬物，像這章裡的泡菜食譜，得花上數個禮拜熟成；速手完成的淺漬物大概一兩天內即可開吃。而自然發酵的醃漬物，必須做到真空密封住蔬菜的地步，那是挺費勁的任務；淺漬菜只要簡單裝在乾淨玻璃瓶裡，旋緊瓶蓋，放冰箱保存即可。是沒錯，自然發酵的醃漬能保存更久，但這些快手進行的漬物無損美味，也很快就會被一掃而光。我設計的食譜，製作量小，肯定能在兩週內完食，那也差不多是淺漬菜的保存極限。

醋漬茉莉丁香桃子

當你必須替醋漬汁增添風味，但要一一濾出那些無意吃下的香料又很麻煩……這時候茶包可以完美解決，而且香氣十足。像泡茶一樣，將茶包浸泡在熱醋汁裡，然後，當漬物大功告成時，只要拿出茶包即可。當然，請使用品質好的茶包。這款漬物大聲召喚著肥腴美味豬肉料理，但配搭味道較重的羔羊或山羊肉，也很合適。或者和一款陳年綿羊乳酪與脆皮麵包組合成一道清新派乳酪盤亦可。可製約2公升的量

PICKLED JASMINE PEACHES WITH STAR ANISE

食材

- 900克仍未熟透的桃子
- 240毫升香檳醋
- 240毫升水
- 1又1/2杯糖
- 1小匙猶太鹽
- 4顆八角
- 2顆塞拉諾辣椒，剖半
- 3個茉莉花茶茶包

步驟

1 以刨刀刨去桃子皮，切成楔形瓣狀，去核。放入大玻璃瓶或其他耐熱容器。

2 取中型鍋具，放入醋、水、糖、鹽和八角，煮至沸騰，攪拌直到糖鹽溶解。將熱醋汁倒入裝有桃塊的容器，放進辣椒和茶包。蓋緊瓶蓋，放入冰箱。

3 一天之後取出茶包。兩天後即可開瓶享用，冷藏可存放約三週。

醋漬印度香料茶葡萄

PICKLED CHAI GRAPES

我愛醋漬水果。鹹酸馴化了水果的甜，在不剝奪葡萄身分認同的前提下，讓它多了一層風味。我通常會以這款醋漬葡萄（右圖）搭配鹹香的陳年乳酪，如曼切格羊乳酪，或陳年巧達乳酪。這道菜也很適合加入熟食冷肉拼盤。或搭配梨子切片和石榴籽，成為香氣撲鼻的水果沙拉。大約可製 3 公升的量

食材

- 將近1.5公斤無籽葡萄，去蒂，清洗瀝乾
- 1根肉桂
- 480毫升香檳醋
- 240毫升水
- 2杯糖
- 1小匙鹽
- 3個印度香料茶包

步驟

1 將所有葡萄剖半，放進大瓶子或其他適合容器。再放進肉桂棒。

2 將醋、水、糖和鹽放入湯鍋，煮至沸騰，不斷攪拌到鹽糖溶解。將熱醋汁倒進盛裝葡萄的容器裡，放入茶包，緊閉瓶蓋，放入冰箱。兩天後取出茶包。四天後可開瓶享用漬葡萄，冷藏可保存約一個月。

醋漬咖啡甜菜根

PICKLED COFFEE BEETS

我用各種茶包做漬物，玩得不亦樂亦乎。有一天突然想：「咖啡行不行呢？」我嘗試以茴香頭、紅蘿蔔和白蘿蔔與咖啡配對醃漬，全以失敗告終。最後用甜菜根實驗終於成功，因為甜菜根夠甜，不至被咖啡完全壓制住。入口可隱約嘗到咖啡風味，賦予甜菜根一股神祕而深沉的苦味。大約可製 2 公升的量

食材

- 900克甜菜根
- 1顆塞拉諾辣椒，剖半
- 480毫升蒸餾白醋
- 240毫升水
- 1/2杯糖
- 4小匙鹽
- 2小匙香菜籽
- 1/2小匙咖啡豆
- 4片月桂葉

步驟

1 修剪甜菜根、去皮。用曼陀林蔬菜切片器，將甜菜根片成薄圓片。連同辣椒，一併移放入大玻璃瓶裡。

2 將醋、水、糖、鹽、香菜籽、咖啡豆和月桂葉，放進中型鍋具，煮至沸騰，不斷攪拌到鹽糖溶解。將熱醋汁倒進盛裝甜菜根的容器裡，緊閉瓶蓋，放入冰箱。四天後可開瓶享用漬甜菜根，冷藏可保存約一個月。

醋漬大蒜
佐糖蜜醬油

這是我從記憶庫裡調出的食譜；以醬油漬大蒜是祖母的配方。她有一種每次做都會有點不同的慣性。所以我也微調了食譜：添加了糖蜜——我想祖母應該會喜歡才是。我得警告你：這漬大蒜的味道濃嗆到最高點，但如果你和我一樣是大蒜控，一定也會喜歡。配搭任何炙烤或快炒肉料理，和炸鵪鶉也速配得不得了。有時我會把漬蒜和醋汁打成泥，做成捲萵苣生菜捲、春捲或炸豆腐的蘸醬。可製約 1.5 公升的量

PICKLED GARLIC IN MOLASSES SOY SAUCE

食材

- 240克大蒜（約四大球）
  分離蒜瓣，去膜沖淨
- 蒸餾白醋
  足以淹沒蒜頭的量
- 480毫升醬油
- 480毫升水
- 180毫升米醋
- 1/2杯糖
- 120毫升糖蜜
- 1顆墨西哥青辣椒

步驟

1 將大蒜放入玻璃瓶裡，加入蒸餾白醋，直到淹沒蒜瓣。蓋緊瓶蓋。放冰箱冷藏五天。

2 瀝出蒜瓣，丟棄醋汁，以冷水沖淨瓶子，將大蒜放回瓶子裡。

3 將醬油、水、米醋、糖、糖蜜，放入中型鍋具，煮至沸騰，熄火，靜置約 15 分鐘。

4 將醋汁倒入盛有大蒜的玻璃瓶，加入墨西哥青辣椒。旋緊瓶蓋，放入冰箱，六天後可開瓶享用，冷藏可保存數個月。

玉米培根酸甜小菜

這年頭在農夫市集，挺容易買到和自家製作差不多優質的美味酸甜小菜（relish），或是同類型製法的糖煮水果和果醬。我完全支持從無到有的自製美味，但是當買得到一樣好的品項，我馬上投降。然而，這款酸甜小菜幾乎不容易買到。任何能完美放入培根的菜，我一定不會猶豫。

這款小菜是任何野餐主食的絕佳良伴，不管是放入切邊的三明治裡，或加進鬆軟奶香手撕肉餐包都好。別忘了準備冰茶和鹹香洋芋片。啊！那是我心目中最理想的下午時光。大約可製作2公升

PICKLED CORN-BACON RELISH

食材

- 2片培根
- 5根玉米，去外皮
- 1顆紅甜椒，去芯去籽，切細丁
- 1顆橘甜椒，去芯去籽，切細丁
- 1杯紫洋蔥細丁
- 360毫升蘋果醋
- 360毫升水
- 1/3杯糖
- 2小匙黑芥末籽
- 1/2小匙茴香籽
- 1大匙鹽

步驟

1 取中型煎鍋，將培根煎至香酥。置紙巾上瀝油。

2 以利刀切下玉米粒。將玉米粒、甜椒和紫洋蔥放進一只碗裡，注冷水直到淹沒，浸泡約10分鐘，好洗掉蔬菜裡的部分澱粉。瀝乾。

3 將醋、水、糖、芥末籽、茴香籽和鹽，放進大鍋具裡煮至沸騰，持續攪拌直到鹽糖溶解。放入玉米、甜椒和洋蔥，再度加熱至微滾。

4 將玉米混料放入玻璃瓶。加進培根，整片或捏碎，旋緊瓶蓋。放入冰箱。兩天後可開瓶享用。冷藏可保存約一個禮拜。

漬迷迭香櫻桃

我在《頂級主廚大對決》其中一個讓我獲勝的挑戰裡，用了這款漬櫻桃搭配鵪鶉（感謝你，泰勒！）。櫻桃很甜，但迷迭香馴化了濃烈的果味，讓這個漬物嘗起來像是鹹味的零嘴。可與任何雞肉或野味料理，如鴨肉、鵪鶉或鳩雞搭配。下次感恩節，不妨試著以它取代蔓越莓醬。或者來點截然不同的嘗試，搭配香草冰淇淋，變成一款鹹甜滋味的點心。可製大約2公升的量

PICKLED ROSEMARY CHERRIES

食材

- 900克櫻桃，去細莖去核
- 2株新鮮迷迭香
- 240毫升米醋
- 120毫升水
- 1/4杯糖
- 1小匙鹽
- 1/2小匙黑胡椒粒

步驟

1 將櫻桃和迷迭香放進大玻璃瓶裡。

2 將醋、水、糖、鹽和黑胡椒放進小鍋具裡煮至沸騰，持續攪拌直到糖和鹽溶解，放涼約10分鐘。

3 將醋汁倒入裝有櫻桃的瓶子裡，旋緊瓶蓋。放入冰箱。四天後可開瓶享用，冷藏可保存約一個月。

醃漬大師

第一次遇見比爾．金（Bill Kim），是在芝加哥的餐飲展覽會上。我們都受到韓國食品文化部的邀請出席，創作一道韓國經典菜餚的現代版本。我依然記得比爾以泡菜燉煮了玉米粥和培根，那道傳統料理透過他特殊的視角，做出了不同的詮釋。我們立刻成為好朋友，我喜歡打電話給他，互相交流心得。比爾的版本，是從他熱愛拉丁美洲美食的濾鏡而來，我則是透過美國南方食物的視角。但我們有志一同地熱愛泡菜。

「韓國食物的時刻終於來臨。而泡菜是受到眾人喜歡的調味品。它奇特古怪、臭味撲鼻，十分辛辣，是我最愛吃的食物之一。我個人最偏好拿來製作泡菜的蔬菜是科比黃瓜，一種隨季節盛產的小黃瓜，加上大蒜、韭菜、薑、韓國紅辣椒碎、魚露和蝦醬。大家總是爭論著：到底是偏好發酵，還是『新鮮』製作？我喜歡後者，那讓我聯想到某款拉丁莎莎醬。辛辣、鹹鮮、蒜香和大地氣息……風味層層堆疊，一口吃下滋味俱足，真是太強大了！」

——比爾．金

芝加哥 Urbanbelly 和 Belly Shack 餐廳

廚師／老闆

蔬菜與慈善
VEGGIES & CHARITY

南方傳統——
新年吃高麗菜和黑眼豆，
能祈求來年好運。

從強尼・凱許（Johnny Cash）的歌開始

一九六八年一月十三日，凱許在佛森監獄舉辦了演唱會，同年年底，發行了那場演唱會的現場錄音專輯。這張專輯徹底改變了現場錄音的方式。我在高中時買卡帶，大學時買CD版本；如今，我在電腦上反覆播放。《佛森監獄藍調》（Folsom Prison Blues）這張專輯，我聽了上千次，但依然觸動我。我一直渴望創造出一件差不多瘋狂而重要的事，一如那張專輯。

和大多數廚師一樣，我也經常接到慈善活動的邀約，一般都是捐贈禮券，或是為身穿燕尾服和小禮服的人士，製作上千份小點心。我一向藉此盡力當個好公民，盼能透過參與慈善減輕我長年以來吃香喝辣所產生的罪惡感。我知道被美食和珍稀佳釀圍繞的我有多幸運。美食永遠是一份無價的禮物；製作這些美味所需的時間、精力和愛，遠超過我們所能賦予它的金錢價值。一如我要好的作家朋友法蘭辛・馬羅基安（Francine Maroukian）曾對我說，時間是我們最珍貴的資產。多花那一夜鹽漬豬里肌，讓麵團多發酵一小時，不嫌麻煩替新鮮大蒜剝膜……都是主宰成敗的重要關鍵。

大約一年前，我結束了一場慈善活動，那天我替四百人下廚，現場有葡萄酒、肥肝、泡芙，還有龍舌蘭贊助商，和穿著閃亮禮服的俊男美女，我們全都自我感覺無比良好。但是開車回家途中，我突然意識到，自己根本不記得，剛剛是為哪個慈善機構募了款。我很確定，某個住院的不幸孩子，終於能進行極需要的手術。而我其實只是募款機構雇來的幫手，竟然自以為有多了不起，頓時讓我覺得自己既自私又膚淺。

其實那經驗和我從小所理解的「慈善」概念大不相同。當我們一家搬進一棟住滿移民家庭的新公寓大樓時，那裡有個不成文的守則：幾個生活比較穩定的家庭，會隨機在某幾天，帶著裝在保鮮盒的晚餐，以紙袋包妥，登門分送給其他住戶。我祖母總是面帶微笑地應門，她會把袋子拿到廚房水槽，滿腹懷疑地嗅聞著。如果不是想毒死我們，為什麼有人要送我們免費的飯吃？當年北韓軍隊向南推進，攻進她所居住的城市時，她不得不放棄一切，一手抱著兒子（我爸），另一手拎著一籃衣物逃離住所。她曾和成千上萬的陌生人，擠在爆滿的船隻和火車上，住在難以想像的地方，為每一口飯而拚命，常常得和體型是大她兩倍的男人搏鬥。那段關鍵時期的經歷，使她成為一個堅強、機敏、未雨綢繆的人，但也同時讓她變得異常憤世嫉俗，對人間善意抱持懷疑。她總要試了確定沒被下毒，才會允許我吃上一盤。她原則上連碰也不會碰，只是看著我吃下一碗又一碗的秋葵和黃色香料米飯。韓國家庭會送來豆腐湯和粥，印度家庭則是分享茄子鷹嘴豆咖哩。幾乎都是蔬菜，打折買的即期便宜貨。但是善意讓這些食物吃起來美味，甚至極度療癒。

這讓我想到強尼。那張專輯之所以如此不凡，並不只是因為他的歌聲，更是因為那些囚犯對他表演的反應。最後的錄音為了讓現場的歡呼更熱烈，也的確被剪輯過，但那並不改變他貢獻了時間，為一屋子被社會邊緣化的罪犯表演的事實。他的時間是寶貴的資產，而那些囚犯，嗯，他們最多的就是時間。兩者在此交會，是無比珍貴的時刻。

那場慈善募款活動之後，我很快地決定向強尼看齊。我要在監獄裡，為那些冷酷麻木的囚犯做飯。我打電話給一位刑事辯護律師朋友，安排到肯塔基最高安全等級的獄所場勘。要知道，我不是膽小鬼，這輩子也打過不少架，但對於監獄之行，我完全沒做好心理準備。還沒走到囚犯二十公尺方圓內的範圍，便看到他們一副想把我生吞活剝的樣子。味道是整個參觀過程，最令人驚駭的部分，不是因為那股生猛的潮濕氣息，而是到處都瀰漫著刺鼻氨水味，彷彿不斷洗刷清潔的背後，掩飾了某種更不可言說的事情。我們來到樓梯底層，我看到一塵不染的地板上，染上斑斑血跡。獄警反應嚴肅。「這種事偶爾會發生。」他面無表情地說，接著呼叫清潔人員來收拾。我的律師朋友於是建議我換個方向：附近有個青少年矯正機構，他們比較能感受到我的心意。

每個人都值得好好吃一頓飯。

我最後選擇了路易維爾的市立青少年觀護所，專門收容未成年罪犯。我做了烤肉和各種配菜，還有奶油水蜜桃酥派，飲料則是無酒精的水果潘趣調飲。他們依序走來自助餐檯排好隊，我一邊幫忙把餐點舀進他們的保麗龍盤子裡，一邊和他們聊天。這些孩子都曾做出錯誤的選擇，有些比其他人嚴重，但最令我驚訝的是，他們依舊保有孩子的眼神，大多數都很害羞，任何事都能讓他們咯咯大笑，和其他青少年沒兩樣。他們充滿好奇，也喜歡追根究柢，而且胃口很好。典獄長請我和他們說幾句話，我沒講什麼大道理，也沒有分享人生故事。我只是說，我真心認為每個人都值得好好吃一頓飯，當然也包括他們。他們給我擁抱，問我會不會再回來。他們也寫信給我。一如前面提過，我自認是個硬漢，而且已做好面對一切的準備，但我完全沒想過，當那些穿著咖啡色囚服和拖鞋的孩子們，微笑著對我說再見時，我得努力把淚水給吞回去。

自那之後，我便默默地將時間投注在為一些小型的家庭團體準備晚餐。我會帶他們參觀農場，分享一些料理技巧，花一整個下午的時間，帶著孩子一起擠萊姆汁和揉麵團。他們學得很快，完全不帶成見和畏懼地去吸收知識。我邀請這些家庭來我的餐廳用餐，給孩子們的飲料，是用酒杯盛裝的蘋果汁，使用真正的刀叉，並在上甜點前，拭去桌上的麵包屑。我會收到這些家庭寫來的感謝信，每一封我都收藏著。我沒有聯繫媒體，也不找贊助商，我只是找個地方，騰出時間，為一群約二、三十個真正需要幫助的人，幫他們煮一頓飯。我總是被孩子們第一次嘗到某款醬汁，或是學會切洋蔥時，臉上所綻放的光彩所鼓舞。與其寫張支票，我試著給他們安心的空間，和幾個小時時間，讓他們在其中任由想像力翱翔滋長。我也努力教他們了解優質食物的重要性，及背後所牽涉的一切。

每當我想安靜過一天，待在手機收不到訊號的地方，我會跑到印地安那州孟菲斯的傑克森農場，那是我大宗採買蔬果之處。他們有超過六十公頃的田地，種了各式各樣從玉米、水蜜桃、甜菜到溫室番茄的作物。他們永遠需要人手，所以能容忍我留在農場，即便我幫不太上忙。我通常在那裡東摸摸西弄弄。農夫們總是友善，隨時樂於聽我分享新點子，或者種些我在目錄裡找到的新種籽。但是，我最愛流連的地方是育苗室。看著那些還在初始階段，完全看不出有何差別的單純嫩芽，總是令我感到驚嘆不已。有些會長成瓜果，有些會長成番茄或辣椒，但眼前這個妥善監控的環境裡，它們只是努力想從土壤裡冒出頭，顫抖著求生。這裡絕大多數的小苗，在戶外田地裡都無法存活，可能被踩壞、被雨水淹沒，或被鳥啄掉；它們需要育苗室的保護，等到夠強壯，才能被移植到戶外。這讓我想到那些我相處過的孩子們。他們得到的保護不應該比這裡還少。

黃櫛瓜
冷湯佐漬草莓

這是一款嘗來像喝進一碗夏天的清新湯品。堪稱開啟一頓清爽無負擔餐食的絕佳起點，也可以是香酥三明治的明智搭配。趁黃櫛瓜（夏南瓜）盛產時，亦即夏日最美味的期間，做這道料理。以同理類推到草莓上，這裡的醃漬過程，既可以強化草莓的風味，同時還能減低酸度，賦予莓果近乎肉感的咬感。不妨搭配一款來自法國桑塞爾產區的經典葡萄酒（French Sancerre）。

YELLOW SQUASH SOUP WITH CURED STRAWBERRIES

冷湯

- 2大匙橄欖油
- 1/2杯洋蔥丁
- 900克黃櫛瓜，粗切丁塊
- 1又1/2小匙新鮮百里香葉
- 480毫升蔬菜高湯
- 120毫升酸奶
- 2小匙鹽
- 現磨黑胡椒粉

草莓

- 450克新鮮草莓，洗淨去蒂
- 1/2小匙猶太鹽
- 1/2小匙糖

步驟

1. 製作冷湯：取大煎鍋，中火加熱橄欖油。放入洋蔥，炒煮至半透明狀，約2分鐘。加入黃櫛瓜和百里香，拌炒約3分鐘。倒入高湯，加熱至滾，小火慢滾約10分鐘，或直到黃櫛瓜完全熟軟。離火，放涼數分鐘。

2. 將鍋裡的湯料倒入果汁機，放進酸奶和鹽，高速攪打至滑順，約2分鐘。察看稠度：如果仍有細顆粒，以細濾勺過濾。冷藏至少2小時，或長至隔夜。

3. 盛盤上桌前1個小時，準備草莓：將草莓切成半公分左右薄片，放進玻璃碗裡，撒上鹽和糖，以手指輕柔混拌，切勿抓碎。室溫靜置醃漬約1小時，勿超過，以免太軟爛。

4. 盛盤：將冷湯舀入湯碗裡，上頭放幾片漬草莓片，再現磨些許黑胡椒粉。立即享用。

下次不妨把漬草莓加入各式乳酪或熟食冷肉拼盤的陣容。因為不利久放，每次只醃漬需要用量即可。

南方式炒飯

我必須把這道食譜收進這本書裡。一開始覺得，嗯，這安排實在有點老套。它絕對不是那種需要深刻內省時會蹦出來的食譜，而是一巴掌甩到臉上，說著「拜託你，不必擺那麼高的架子，給讀者真正想要的東西吧」的那種食譜。炒飯的正確起手式，一定要把鍋具熱到最高點，然後旋風式的完成所有步驟。在食客面前展露技藝前，私下先練個幾次，保證你看起來絕對會像個專業廚師。6 人份配菜

SOUTHERN FRIED RICE

食材

- 2大匙麻油
- 1/2杯洋蔥碎
- 1顆墨西哥青辣椒，切碎
- 2顆蒜瓣，切碎
- 3/4杯黑眼豆，煮熟放涼瀝乾（請看第137頁筆記）
- 3/4杯玉米粒
- 1/4杯青椒碎
- 1/4杯去籽瀝乾番茄碎丁
- 2大匙花生油
- 2顆大號雞蛋
- 60毫升火腿高湯（請看筆記）
- 現磨白胡椒粉
- 2杯冷藏長梗白米隔夜飯（請看筆記）
- 2大匙醬油或更多，視口味調整
- 2小匙蠔油
- 2小匙伍斯特辣醬
- 鹽
- 蔥花，盤飾

步驟

1 取大煎鍋，加熱麻油至冒煙時轉中火。放入洋蔥、墨西哥青辣椒和蒜，翻炒直到洋蔥轉為深棕色，約 2 至 3 分鐘。放進黑眼豆和玉米續炒 2 分鐘。放青椒和番茄碎翻炒約 2 分鐘。

2 將炒鍋裡的菜料移放到碗裡，以紙巾拭淨鍋子，放入1大匙花生油，大火加熱。將火腿高湯和白胡椒粉加入蛋液，略打散。以同一鍋具炒蛋，當蛋凝結成一個個團塊狀時，鍋具離火，將蛋倒入之前的炒蔬菜備料碗裡。

3 再次拭淨鍋具，加熱剩餘的 1 大匙花生油，鍋夠熱時放入冷飯，快速俐落以木匙不斷翻炒，將米粒炒開，約 2 分鐘。放入醬油、蠔油和伍斯特辣醬翻拌約 1 分鐘，不斷拌炒但避免輾壓米粒。加熱食材的過程中，記住一個要點是：不斷用力翻拌。

4 將菜料和蛋倒入鍋裡，以鹽、白胡椒和醬油微調鹹淡。當炒飯完全熱透，移放到溫熱碗裡，撒蔥花點綴，立刻享用。

製作火腿高湯：將火腿裁修下來約 180 克的零碎邊角，和 480 毫升的水倒入鍋裡，加熱至滾，慢滾約 1 小時。過濾高湯，丟棄火腿邊角料。將高湯倒入玻璃容器冷藏備用，約可保存一個禮拜；冷凍則可保存數個月。

請使用隔夜冷藏的剩飯，這食譜以現煮白飯製作的話，口感會太過軟爛，效果不佳。

培根煨飯

我超愛煨煮培根，簡直徹底改頭換面，而且不管煮什麼，都能賦予料理一股煙燻濃郁的鹹鮮味。這道飯料理還能當成烤雞或豬排的絕佳配菜，但實在太美味銷魂，只要在煨飯上放顆煎蛋，就是我的一頓晚飯。6至8人份配菜

BRAISED BACON RICE

食材

- 8盎司（240克）厚塊培根
  切成半公分左右小丁
  （請看筆記）
- 1又1/2杯洋蔥丁
- 1杯西洋芹丁
  及2大匙碎芹葉
- 2顆蒜瓣，切碎
- 1/2小匙黃芥末粉
- 1/4小匙卡宴紅辣椒粉
- 1/4小匙煙燻紅椒粉
- 約1公升雞高湯
- 120毫升番茄汁
- 1杯卡羅萊納或其他長梗米
- 2大匙無鹽奶油
- 鹽和現磨黑胡椒粉

步驟

1. 取大鍋具，小火煎煸培根，直到釋出大部分油脂，約5分鐘。放入洋蔥、西洋芹丁和蒜，續炒煮約6分鐘，不斷攪拌以避免焦鍋。

2. 放進芥末粉、卡宴紅辣椒粉和煙燻紅椒粉，再倒入雞高湯和番茄汁，加熱至滾。倒進米，略攪拌，轉小火至微滾。不加蓋，滾煮米粒約16分鐘，或直到大多水分都被吸收。

3. 放入西芹葉、奶油、鹽和黑胡椒，試米飯鹹淡。熄火，靜置米飯數分鐘，時不時攪拌。趁熱享用。

當今世上多的是品質好的培根，但田納西的班頓出品，絕對出色拔尖。鹹度夠，濃烈的煙燻味，值得想方設法弄到手（請看第291頁「食材採買一覽」）。

小豆蔻
神仙沙拉
佐藍黴乳酪醬汁

多數人想到神仙沙拉（Ambrosia salad），腦海就會出現玻璃大碗裡一大團白色水果丁塊，上頭整齊鋪排罐頭橘子瓣。是時候賜予這道沙拉全新面貌，如果能用最新鮮、好品質的水果製作的話。若還是用乾燥椰絲的話，那就別忙了。新鮮微甜的椰肉很關鍵。我不常喝開胃酒，但一杯冰涼的麗葉酒（Lillet）和這款沙拉是絕配。6至8人份配菜

CARDAMON AMBROSIA SALAD WITH BLUE CHEESE DRESSING

醬汁

- 75克藍黴乳酪
- 3大匙酪乳
- 3大匙酸奶
- 2小匙白酒醋
- 1/2小匙糖
- 鹽和現磨黑胡椒粉

沙拉

- 2顆柳橙
  去皮去膜只留果肉瓣（請看筆記）
- 1顆葡萄柚，去皮去膜只留果肉瓣
- 2顆香檳芒果，去皮去核，切薄片
- 2顆安琪兒（Anjou）西洋梨
  去核，切薄片
- 1/2杯新鮮椰絲（請看筆記）
- 90克去核椰棗，略切，額外準備盤飾用
- 1/4杯杏仁片
- 3/4小匙小豆蔻粉
- 2小匙椰子水（取自新鮮椰子）
- 新鮮扁葉巴西里碎，盤飾用（可省略）

步驟

1 製作醬汁：將乳酪放在小碗裡，以叉子搗碎。加入剩餘食材，攪拌至混合，但仍略有結塊的狀態。

2 製作沙拉：將柳橙、葡萄柚、芒果和梨子片放在中碗裡，加入椰絲、椰棗和杏仁片，灑小豆蔻粉，倒椰子水，完全混勻。倒進醬汁，再次混拌均勻。

3 將沙拉分配於單人份的小碗裡，或者也可盛裝在一只大碗，以共享分食方式上菜。如果有多準備椰棗和巴西里，最後再點綴上些許。

去皮去膜留瓣橙橘切法：用一把利刀，先切除水果的蒂頭和底部，再依著水果外型的弧度，由上到下以切寬條方式，一併切除果皮和白膜。接著底下放一只碗，懸空以水果刀沿著每一瓣果肉的瓣膜間，小心切取果肉片。

處理新鮮椰子：準備一個約1公斤的新鮮椰子，以一隻手牢牢握住，懸空在一個大盆上，另一手用中式菜刀刀背，順著椰子殼紋路用力敲打。當椰殼裂開時，讓椰汁流入底下的大碗裡，瀝淨汁水，保存備用。用一根湯匙，刮除所有椰肉。再以刨絲器最大孔洞，將椰肉刨成絲。將剩餘椰肉裝在拉鍊保鮮袋，放冷凍，可保存數個禮拜。

秋葵天婦羅

佐雷莫拉蛋黃醬

被包裹在如羽毛般輕盈鬆脆麵糊裡的秋葵，軟得恰到好處，卻又保有著脆口。這是一道超棒的配菜、開胃菜或派對點心，甚或是一個慵懶下午的放縱小食。盛盤時可以放在肉販用或美勞用的牛皮紙上，若想優雅一點，就用亞麻餐巾。雷莫拉蛋黃醬讓這道菜升級為盛宴款待的檔次，但老實說，就算配上杜克牌美乃滋和德州彼得辣醬，同樣美味。不妨單以這道菜搭配羅格酒廠（Rogue）與日裔名廚合作的森本蕎麥麥芽啤酒（Morimoto Soba Ale）。4至6人份配菜

OKRA TEMPURA WITH RÉMOULADE

麵糊

- 1杯中筋麵粉
- 2/3杯玉米澱粉
- 1小匙泡打粉
- 1/4小匙鹽
- 2顆大號雞蛋蛋黃
- 480毫升蘇打水或氣泡水

- 大約1公升玉米油，油炸用
- 450克秋葵，修剪後縱向剖半
- 鹽
- 完美雷莫拉蛋黃醬（請看第18頁），蘸食用

步驟

1 製作麵糊：將麵粉、玉米澱粉、泡打粉和鹽，過篩到中型碗裡。打入蛋黃，慢慢倒進蘇打水，用力攪打；麵糊應該接近鬆餅麵糊的質地。置旁備用。

2 取一只厚實鍋具，倒入約5公分厚的玉米油，加溫至攝氏180度。分批將秋葵放入麵糊，均勻沾裹，讓多餘麵糊滴除（以細長木籤用來沾裹非常理想，可以避免手指沾到麵糊），再慢慢放進熱油裡。油炸至金黃香酥，約2分鐘。以一支漏勺將秋葵撈放在紙巾上瀝油，撒鹽。油炸下一批之前，讓油回溫到攝氏180度。

3 趁熱上菜，附上雷莫拉蛋黃醬供蘸食。

油炸時，請用寬而深的鍋具，分批處理。如果希望在油炸下一輪時，保持秋葵剛起鍋的熱度，可以將其直接放在烤盤上，置於攝氏80度的烤箱裡，即可保持酥脆直到上桌。

烤秋葵與白花椰沙拉

千萬不要被傳說中秋葵的黏滑，嚇得興趣索然，那滑不溜丟叫黏液的東西，包覆在種籽莢上，一旦切開秋葵時，就會釋放出來。在烤箱裡以乾燥高溫烘烤，可以軟化秋葵，同時減少黏液的釋出。加入孜然能為秋葵和白花椰菜帶來辛辣的花香氣息，然後被杏桃乾的甜完美平衡。6至8人份配菜

ROASTED OKRA AND CAULIFLOWER SALAD

食材

- 1/2棵白花椰菜（約300克）切適口大小花朵狀
- 240克秋葵，修除蒂頭（請看筆記），縱向剖半
- 2小匙橄欖油
- 1又1/2小匙孜然粉
- 1小匙鹽
- 5顆杏桃乾，切薄片
- 1/4杯烤香腰果碎
- 1顆現磨柳橙皮屑（約1小匙）
- 1/2顆柳橙擠下汁液

步驟

1. 以攝氏205度預熱烤箱。
2. 將白花椰菜和秋葵分別鋪放在兩只烤盤上。淋1小匙橄欖油在花椰菜，再撒上3/4小匙孜然和1/2小匙鹽，均勻混拌。用同樣分量的油、孜然、鹽及手法，處理秋葵。
3. 將兩只烤盤放進烤箱，秋葵約烤10分鐘，白花椰菜烤約25分鐘。當蔬菜軟化、有點皺縮，邊緣染上些許咖啡色澤，就表示大功告成。將秋葵移放到大碗裡，再加入烤好的白花椰菜。
4. 放進杏桃乾、腰果、柳橙皮屑和汁液，混拌均勻（沙拉可以放在90度的烤箱保溫直到準備開動）。
5. 分盛在溫熱碗裡享用。

烹調這道料理差不多是在春末到夏天之際，也是秋葵的產季。挑果身軟嫩的入手；當秋葵稚幼新鮮時，不必特別修除頂端蒂頭，直接食用沒問題。

毛豆鷹嘴豆泥

EDAMAME HUMMUS

當我們在 610 Magnolia 餐廳發想煨燉牛小排的配菜時，我的廚司長尼克·蘇利文（Nick Sullivan）提案了這道菜。從此成為餐廳最受歡迎的品項。和炙烤韓式牛肋排、煙燻豬腳，或任何慢燉肉料理都極度搭配。我們不把豆泥攪打至綿密狀態；會讓它保有一些豆塊及咬感，所以還嘗得出毛豆的滋味。和一些鮮蔬盛盤，也可以是一道超讚的健康點心。6 至 8 人份配菜

食材

- 2大匙橄欖油
- 1瓣紅蔥頭，切碎
- 5顆蒜瓣，切碎
- 2杯去莢煮熟毛豆（請看筆記）
- 240毫升水
- 120毫升中東芝麻醬（請看第248頁筆記）
- 120毫升現擠檸檬汁
- 1大匙醬油
- 2小匙鹽
- 2小匙孜然粉

步驟

1 取大湯鍋，中火加熱橄欖油，放紅蔥頭和大蒜，拌炒 2 分鐘，或直到軟化。放進毛豆，續炒 2 分鐘。加水、芝麻醬、檸檬汁、醬油、鹽和孜然粉，略攪拌，煮至微滾，小火滾煮約 6 分鐘。

2 將鍋裡的炒料倒進食物調理機，攪打直到成為濃稠的粗泥狀。毛豆泥可以放進湯鍋裡，在爐火上保溫直到準備開動，或者室溫上菜亦可。

在亞洲超市及食材專賣店都可以買到煮熟的即食冷凍毛豆。和其他豆子不同，黃豆家族的毛豆即便冷凍後，也能保持滋味和口感。

寬葉羽衣甘藍拌泡菜

對我來說，最具成就感的菜餚，是那種用最樸實的食材，引出繁複滋味的料理。我第一次嘗到既鹹又酸的燉煮寬葉羽衣甘藍，內心滿是震撼。讓我瞬間想起吃著大白菜泡菜的經驗，那是另一道從貧窮中崛起，如今已經征服許多最挑剔味蕾的珍貴菜餚。我愛極了這兩種來自天差地別的文化所形塑強悍風味，但卻能和平相處混融，彷彿天生注定屬於彼此一樣。寬葉羽衣甘藍拌泡菜很適合配烤羊肉或炸雞。6至8人份配菜

COLLARDS AND KIMCHI

食材

- 1大匙豬油或培根油
- 1大匙無鹽奶油
- 1杯洋蔥碎
- 1又1/2杯（約300克）鄉村火腿細丁
- 約650克寬葉羽衣甘藍洗淨去莖梗，粗切
- 600毫升雞高湯
- 2小匙醬油
- 1又1/2大匙蘋果醋
- 1又1/4杯（240克）紫紅高麗培根泡菜（請看第178頁）或市售（請看筆記），粗切

步驟

1 取中型鍋具，以大火加熱豬油和奶油。當奶油冒起細泡時，放入洋蔥，炒約5分鐘，或直到染上一點深棕色澤。放入火腿，續炒約3分鐘，直到酥香但顏色尚未變深。放入寬葉羽衣甘藍，雞高湯和醬油，蓋上鍋蓋，中火煮約半個小時，時不時攪拌。試吃羽衣甘藍，吃來應該是柔軟中帶有一點咬勁。

2 倒入蘋果醋，煮約1分鐘。

3 將泡菜混拌入寬葉羽衣甘藍，連汁帶葉全數盛盤，立即享用。

如果用的是亞洲超市買的現成泡菜，選一款充分發酵的，找大白菜看起來是半透明狀的，可以從氣味中確認。充分發酵的泡菜，即便透過玻璃瓶，也能聞到濃烈味道和酸氣。

豬皮脆殼栗子南瓜乳酪通心粉

誰不愛乳酪通心粉？我有令人滿意的經典版，且優雅得足以讓你不必和孩子共享。你可用麵包屑取代豬皮脆片，但若對於美好事物有一定的認知，那你將不會再使用麵包屑了。我明白書中使用許多的豬皮脆片（一如我的生活裡），哎喲，既然都找到了愛物，就應該堅持。這道可以和炸雞，或任何有大量配菜的餐食一起上桌。8至10人份配菜

KABOCHA SQUASH MAC 'N' CHEESE WITH PORK RIND CRUST

食材

- 1顆小號栗子南瓜（約650克）
- 2大匙橄欖油
- 猶太鹽和現磨黑胡椒粉
- 360克彎管通心粉
- 360毫升全脂牛奶
- 240毫升雞高湯
- 90克濃味巧達乳酪，刨絲
- 90克柯比乳酪（Colby）刨絲
- 90克佩科里諾羊奶乳酪（Pecorino Romano）刨絲
- 2大匙無鹽奶油
- 1/2小匙肉豆蔻粉
- 5大匙壓碎豬皮脆片（請看筆記）
- 2小匙黑芝麻

步驟

1. 以攝氏190度預熱烤箱。取一9×12英吋（約23×31公分）的烤盤或烤鍋，抹上一層薄奶油。
2. 栗子南瓜去皮剖半。挖出南瓜籽和絲絡，切成大約2.5公分丁塊。放在無邊烤盤上，混拌橄欖油，以鹽和黑胡椒調味，鋪平一層，烤約25分鐘，或直到南瓜能輕易以叉子戳入。
3. 在此同時，取大湯鍋，注水，加些許鹽，煮至沸騰，放入通心粉，滾煮約8至10分鐘，或直到熟但仍有咬勁的程度。以濾盆濾出通心粉，放水龍頭底下冷水沖涼，置旁備用。
4. 將栗子南瓜放入果汁機，倒入牛奶、雞高湯，放入三種乳酪和奶油。加2小匙鹽、3/4小匙黑胡椒及肉豆蔻粉，以暫停鍵間斷方式混拌。將南瓜泥倒出碗裡，加進通心粉，混拌均勻。
5. 將通心粉栗子泥倒入備好的烤盤裡，上頭撒豬皮脆片和黑芝麻。以鋁箔紙密封，烤約20分鐘。
6. 拿掉鋁箔紙，繼續烘烤直到通心粉稍微染上咖啡色澤，上層變得酥脆，大約再25至30分鐘。

可以在各大超市或加油站附設便利店，買到豬皮脆片。打開袋子，將內容物倒進食物調理機，攪打個1分鐘，或者直接用手把豬皮脆片在大碗裡捏碎。

羽衣甘藍與培根湯匙麵包

一如食譜名，這道菜最好趁熱以湯匙享用。湯匙麵包是介於麵包和卡士達之間的糕點，而且是那種必須使用養鍋得宜的鑄鐵煎鍋，如果沒有的話免談。而且用 6 英吋（約直徑 15 公分）的小鑄鐵煎鍋製作，效果會比大煎鍋好許多。或許這食譜是促使你買小煎鍋的好理由，畢竟實在小巧可愛。可製作3個約直徑 15 公分或一個 直徑 35 公分的湯匙麵包，足夠餵食 10 人

SPOON-BREAD WITH KALE AND BACON

食材

- 8盎司（240克）培根，切丁
- 1/3杯洋蔥丁
- 120克羽衣甘藍
  洗淨去莖梗，粗切
- 720毫升全脂牛奶
- 1又1/4杯白色粗玉米粉
- 3顆大號雞蛋，打散
- 2大匙無鹽奶油，融化
  加上少許塗抹煎鍋用
- 1又3/4小匙泡打粉
- 1小匙猶太鹽

> 湯匙麵包若放一段時間，麵包體會塌陷，且口感變得如橡膠。出爐後立即上桌享用。湯匙麵包剩菜無法藉由加料賦予新生，所以製作當日所需分量即可。

步驟

1 取大鑄鐵煎鍋，中大火加熱，放進培根，煎 2 分鐘，直到油脂釋出，培根變得酥脆，加進洋蔥，拌炒約 3 分鐘，或直到洋蔥軟化，放入羽衣甘藍，炒煮約 10 分鐘，或直到羽衣甘藍熟軟，離火，置旁備用。

2 以攝氏 205 度預熱烤箱。

3 將牛奶倒入另一只小鍋，以中火加熱到微滾，將粗玉米粉拌入牛奶中，小火滾煮直到濃稠，期間不斷攪拌，約 3 至 4 分鐘。離火，移倒入碗裡，放涼備用。

4 將蛋、奶油、泡打粉和鹽，加進玉米牛奶糊裡，以手持攪拌器中速攪打約 6 分鐘，直到所有食材完全混勻，雞蛋會讓麵糊變得稍微硬稠。拌入羽衣甘藍和培根。

5 在 6 英吋煎鍋裡，分別放1小匙奶油，或是在 14 英吋煎鍋裡放 2 小匙奶油，大火加熱 2 分鐘，或直到奶油開始冒小泡，將玉米麵糊倒入熱煎鍋，放入烤箱，小煎鍋烤約 15 至 18 分鐘，大煎鍋烤約 22 至 24 分鐘。烤箱取出煎鍋，趁熱直接上桌。

奶油玉米香菇粥

我之所以大愛米飯，主因在於可以煮成各種口感質地，而且無一不好。當小火慢燉時（譬如義大利燉飯），米粒會吸收所有滋味，且仍保有一點咬勁，也可以油炸成外酥脆內鬆軟的口感。但在所有作法裡，米粒最具撫慰力量的化身，是煮到米粒完全解體，搖身一變綿密的粥。粥是華人的傳統早餐品項，但這裡加上新鮮玉米和香菇，可以是第一道上菜的超棒療癒系料理，或者一道與眾不同的配菜。

我最愛在秋天的第一個冷天吃這味粥，再配上一杯水牛比爾精釀啤酒廠（Buffalo Bill's）出品的南瓜艾爾啤酒（Pumpkin Ale）。6人份前菜或配菜

CREAMED CORN AND MUSHROOM CONGEE

食材

- 3/4杯泰國香米
- 約2公升水
- 1又1/2小匙魚露
- 2杯玉米粒
- 120克去蒂鮮香菇修剪並切薄片
- 1又1/2小匙鹽
- 1/4小匙現磨黑胡椒粉
- 1/2小匙醬油
- 1顆大號雞蛋
- 1顆檸檬磨下的皮屑和擠出的汁液
- 1小匙現磨薑泥（microplane刨器可代勞）
- 1顆大號蒜瓣，磨泥（microplane刨器可代勞）

盤飾

- 麻油
- 花生碎

步驟

1. 在湯鍋裡放入米、水和魚露，大火加熱至沸騰。轉小火滾煮，半蓋鍋蓋，約45分鐘，期間不斷攪拌。
2. 將玉米、香菇、鹽、黑胡椒和醬油放進米湯裡，混拌，續煮約20分鐘。如果米變得乾黏，就再加點水到鍋裡。粥應該是亮澤鬆散的，像稀飯一樣。
3. 當粥煮好時，熄火，加進雞蛋，用力快速攪拌。放入檸檬皮屑和汁液，以及薑和蒜，拌勻。
4. 將粥舀入小碗裡，上頭淋一點麻油，撒點花生碎，趁熱享用。

防風草根黑胡椒比司吉

一個充滿奶油香且輕盈鬆軟的上好比司吉，可以充當一頓飯，但有時候，少了慣常的肉汁淋醬搭檔演出，比司吉會顯得單薄無味。試試這個版本，充滿花香鮮辛氣息，有足夠底蘊，完全不需肉汁淋醬。當然，這不是一款早餐比司吉，它想成為晚餐的卡司。可以搭配融化奶油，或是表面塗上一層蜂蜜食用。約可製作 10 至 12 個

PARSNIP AND BLACK PEPPER BISCUITS

防風草根泥

- 2大匙無鹽奶油
- 360克防風草根 去皮切小丁
- 120毫升水
- 120毫升酪乳
- 2大匙蜂蜜
- 1/2小匙猶太鹽

比司吉

- 2杯中筋麵粉
- 2又1/2小匙泡打粉
- 1/2小匙猶太鹽
- 6大匙冷藏無鹽奶油 切小丁
- 1/4小匙黑胡椒粗粉
- 融化奶油或蜂蜜，盛盤用

步驟

1 製作防風草根泥：取大煎鍋，中火加熱奶油，直到融化冒泡。放入防風草根，翻炒約 8 分鐘，直到丁塊軟化，並染上漂亮深棕色。用水洗鍋收汁，以木匙刮起鍋底沾黏的焦渣。倒入酪乳、蜂蜜和鹽，小火滾煮約 5 分鐘。

2 將鍋裡的炒料倒入果汁機，高速攪打約 2 分鐘，或直到滑順，必要時，可以多加些許水。倒入碗裡，放入冰箱冷藏約 20 分鐘。

3 以攝氏 205 度預熱烤箱。在一只無邊烤盤上鋪烘焙紙。

4 製作比司吉：將麵粉、泡打粉和鹽放入大碗裡。用手指以最快速度將冷藏奶油丁切拌進麵粉裡（或者以食物調理機代勞，大概按十次左右暫停鍵，拌成鬆散混合物）。放入冰箱，冷藏約 10 分鐘。

5 將大約 240 毫升的防風草根泥及黑胡椒，加入麵粉料裡，輕輕推揉直到成團（剩餘防風草根泥，上蓋密封，置冷箱冷藏，可保存約一星期），將麵團放在撒了手粉的工作枱上，用同樣薄撒手粉的擀麵棍，將麵團擀成約1公分出頭的厚片。麵團上撒麵粉，橫向對折成三份。將麵團再次擀成 1 公分出頭厚片，用比司吉模具切割出 10 至 12 個，直徑約 5 公分的比司吉圓麵團。以大約 2.5 公分間隔，在烤盤上排放比司吉圓麵團。

6 烘烤約 12 分鐘或直到染上金黃色澤。取出烤架上放涼約 2 分鐘。

7 趁比司吉溫熱時享用，配融化奶油，或淋上蜂蜜。

現在全年四季皆可在超市或農夫市場買到防風草根，質地緊實，氣味芳美是選擇要件，聞起來該是花香中帶著一絲隱約的甘草味。如果已預先包裝在塑膠袋裡，就戳個洞，聞一下，請避免買散發陳腐霉味的防風草根。

義大利豬油膏玉米麵包

玉米麵包在我家具有相當的爭議性。我至少知道麵糊裡不該加糖，但我太太總是要淋上甜高粱或楓糖糖漿。「那不一樣。」她說。因為我發覺多數玉米麵包有點乾，所以我增加的油脂分量，應該不會感到甜度不足。「那是作弊。」她說。一邊把捏下的最後一口玉米麵包放進嘴裡。不管怎麼樣，我永遠說不贏她。10人份

LARDO CORNBREAD

食材

- 2杯黃色粗玉米粉
- 2杯中筋麵粉
- 1大匙猶太鹽
- 1大匙泡打粉
- 1大匙蘇打粉
- 60毫升加1大匙玉米油
- 3顆大號雞蛋
- 1顆大號雞蛋蛋黃
- 600毫升酪乳
- 4大匙無鹽奶油
  融化放涼
- 180克義大利豬油膏
  （lardo，請看筆記）
  切小丁塊
- 180克陳年濃味巧達乳酪
  刨絲

- 無鹽奶油，盛盤用

步驟

1 烤箱以攝氏205度預熱。

2 在大盆內放入粗玉米粉、麵粉、鹽、泡打粉和蘇打粉，混拌均勻。

3 取中碗放入60毫升油、雞蛋、蛋黃、酪乳和融化奶油，混拌。倒入乾料大盆裡，以木匙攪拌至完全混合。再翻拌入義大利豬油膏和乳酪。

4 取12英吋（約直徑30公分）的鑄鐵煎鍋，大火加熱到極熱，放入1大匙玉米油，旋轉煎鍋使油均勻沾滿鍋底。倒入玉米麵糊，大火煎約2分鐘。

5 將煎鍋放入烤箱，烤約40分鐘，或直到以刀尖插進麵包中心，抽出時刀身無沾黏為止。分切成三角塊狀，上頭放些許奶油，趁熱享用。

一如食譜名所示是用義大利豬油膏來製作，但我實際上是用陳年鄉村火腿修切下來的油脂，充滿煙燻氣息，而且能提煉出優質豬油。不過，必須用醃製過的油脂，切勿使用培根脂肪，因為會完全化掉。

咖哩玉米煎餅
佐甜高粱萊姆糖漿

玉米和咖哩對我來說是天生絕配，也是製作這款煎餅的完美組合。用夏季玉米料理這道食譜至關重要，能帶給這些儼然像迷你鬆餅的美味點心，一波波的甜意。這裡我特意以素食呈現，但你可以隨喜輕鬆地在麵糊裡加入豬肉香腸或鄉村火腿。可以做為晚餐前的點心，或是飽足主餐的配菜。可製作約30個小煎餅

CURRIED CORN GRIDDLE CAKES WITH SORGHUM-LIME DRIZZLE

糖漿

- 2大匙無鹽奶油
- 120毫升甜高粱糖漿
- 1顆萊姆磨下的皮屑及擠下的汁液

玉米煎餅

- 2大匙無鹽奶油
- 1又1/2杯新鮮玉米粒（約兩根玉米）
- 1杯粗玉米粉
- 1/2杯中筋麵粉
- 1大匙糖
- 1又1/2小匙馬德拉斯咖哩粉
- 1小匙鹽
- 1/2小匙現磨黑胡椒粉
- 1/4小匙卡宴紅辣椒粉
- 1/2小匙泡打粉
- 1/4小匙蘇打粉
- 300毫升酪乳
- 2顆大號雞蛋
- 6根青蔥，切蔥花

- 玉米油，香煎用

步驟

1 製作糖漿：取小鍋，加熱融化奶油，倒入甜高粱糖漿，放萊姆皮屑和汁液，攪拌混合，保溫備用。

2 製作玉米煎餅：取大鑄鐵煎鍋，加熱融化奶油，直到冒小泡。放進玉米，以中大火炒煮直到軟化，約4分鐘。倒入碗裡放涼。

3 取小碗，放入玉米粉、麵粉、糖、咖哩、鹽、黑胡椒粉、卡宴紅辣椒粉、泡打粉和蘇打粉，混拌一番。將酪乳和蛋放入另一只中碗裡。將乾料倒進酪乳濕料中，攪拌至均勻混合。翻拌入玉米和青蔥。

4 取一只大煎鍋，中火加熱玉米油，以每個小煎餅約1大匙麵糊的分量，一一倒入煎鍋，香煎，翻一次面，直到兩面香酥金黃，每面各煎2分鐘左右。將煎餅移放到紙巾上瀝油，之後再排放於烤盤上，在繼續製作下批煎餅時，置於攝氏90度烤箱保溫。

5 將玉米煎餅移放到大一點的橢圓形菜盤上，倒淋高粱萊姆糖漿，趁熱享用。

天殺的美味馬鈴薯沙拉

這個食譜名來自我的鄰居兼可靠的試味白老鼠史蒂文。我不是簡單版馬鈴薯沙拉的愛好者，總是吃一兩口就覺得索然無味。於是我研發出這版本，以備我只想吃蔬菜的某些夜晚，但又不想覺得過度健康或無趣時之所需。我邀請史蒂文來我家，他拿著酒杯，前來試吃這道馬鈴薯沙拉。我還沒幫食譜命名，但他吃了一口之後，大叫：「天殺的，太好吃了！」於是，這道馬鈴薯沙拉的名字，就這麼拍板定案。可做為烤火腿和牛排的配菜。6 人份配菜

WTF POTATO SALAD

醬汁

- 180毫升美乃滋
  杜克牌尤佳
- 2大匙酸奶
- 2顆蒜瓣，切碎
- 2又1/2大匙現擠檸檬汁
- 2小匙第戎芥末醬
- 些許辣醬
  （我的最愛是德州彼得）
- 1/2小匙紅椒粉
- 1/2小匙孜然粉
- 1/2小匙現磨黑胡椒
- 1/4小匙海鹽

步驟

1 製作醬汁：將所有食材放入碗裡，拌勻。密封後冰箱冷藏備用。

2 製作馬鈴薯沙拉：將蛋放入中型湯鍋裡，倒入約 1 公升的水量，中火加熱到微滾，續滾煮約 12 分鐘。取出水煮蛋，沖冷水降溫。小心剝下外殼，泡在冷水裡，放冰箱冷藏備用。

3 在此同時，以小煎鍋中火加熱橄欖油。放香菇、醬油、甜椒，不斷翻炒，直到香菇軟縮、染上深棕色澤，約 6 至 8 分鐘。移放到盤子上備用。

4 取大湯鍋，倒入約 2 公升水，放鹽，下馬鈴薯，大火加熱至滾。煮約 16 分鐘，或直到以牙籤插入時，馬鈴薯鬆軟，但又還保持一點阻力。

如果可能，提前一天製作馬鈴薯沙拉，緊密封在玻璃容器裡，冰箱冷藏隔夜。享用前退冰至室溫。冷藏隔夜讓蔬菜能充分吸收醬汁，更加調和入味。

5 熄火，將甜豌豆放入鍋裡，等待約2分鐘，以濾盆瀝出馬鈴薯和甜豆，沖冷水降溫。

6 將馬鈴薯切成適口大小，放進大碗裡，加入甜豆、香菇、火腿丁、甜椒、西洋芹和醋漬秋葵，加進差不多足以讓所有蔬菜沾裹上的醬汁量，溫柔輕拌。試味道，並以鹽和黑胡椒微調。

7 將沙拉倒進橢圓大菜盤裡，放上剖半的水煮蛋。

馬鈴薯沙拉

- 2顆大號雞蛋，有機尤佳
- 2小匙橄欖油
- 120去蒂鮮香菇，切薄片
- 1小匙醬油
- 1/4小匙現磨黑胡椒粉
  額外多備微調用
- 1大匙海鹽
  額外多備微調用
- 900克拇指馬鈴薯
  刷洗乾淨
- 120克甜豌豆
- 180克鄉村火腿，切小丁
- 1顆紅甜椒
  去芯去籽，切成細絲帶
- 1顆黃甜椒
  去芯去籽，切成細絲帶
- 2根西洋芹，切薄片
- 4個醋漬秋葵
  切薄片（沒有的話，
  以7個小酸黃瓜替代）

奶油豆
佐大蒜辣椒
西芹葉

我最愛這種方式享用豆子，整個夏天不停吃這道菜也沒問題。但若用冷凍或罐頭豆子製作就可惜了；它們其實採摘下來後，在極短時間內就風味盡失。所以如果買不到新鮮奶油豆，迷你款奶油豆雖差強人意，但也能替代，而且記得別再誤認它們是一樣的。

一款酒體飽滿的維倫蒂諾（Vermentino）是絕佳餐酒，我尤其喜歡義大利犀牛酒莊（La Spinetta）的酒。4 人份配菜或前菜

BUTTER BEANS WITH GARLIC-CHILE AND CELERY LEAVES

食材

- 1/4杯培根丁
- 1杯洋蔥丁
- 1杯番茄碎丁
- 1顆蒜瓣，切碎
- 450克去莢奶油豆
- 240毫升雞高湯
- 240毫升水
- 2小匙蘋果醋
- 1/4小匙紅辣椒碎
- 1大匙無鹽奶油
- 鹽和現磨黑胡椒粉
- 少許現擠檸檬汁
- 1小把西洋芹嫩葉（請看筆記）

步驟

1. 取大鍋以中火煎培根，直到開始釋出油脂，約 3 分鐘，加入洋蔥、番茄和大蒜，拌炒，續煮約 5 分鐘。

2. 加入奶油豆、雞高湯、水、醋、紅辣椒碎和奶油，加熱到沸騰，轉小火滾煮，時不時攪拌，直到豆子柔軟，約 30 分鐘。

3. 以鹽和黑胡椒調味，加進檸檬汁。舀進碗裡，上頭綴以西芹葉。

> 西芹葉通常挑選最內裡部分顏色最淺淡的嫩葉。它們風味十足，所以適量為要。記得等到準備盛盤前一刻再摘取即可。

軟糯玉米糊

我都從田納西州的安森磨坊入手玉米粗糠，這則食譜是根據他們的建議作法微調而來。所有玉米粗糠，煮法都不盡相同，視品牌而定，得自行調整烹煮時間。好消息是，幾乎很難把玉米粥搞砸。就是不斷加水，煮到滿意的口感為止。別煮到太像漿糊，不好吃。我一般不加乳酪，但歡迎上桌享用前，磨幾小匙你最愛的巧達乳酪絲進去。剩餘玉米糊放隔夜，風味不太會跑掉，復熱時，記得加點水和鹽即可。4 人份配菜

SOFT GRITS

食材

- 240毫升水
- 1/2杯（約90克）安森磨坊玉米粗糠（請見第291頁「食材採買一覽」）
- 360毫升雞高湯
- 120毫升牛奶
- 細海鹽
- 1/4小匙現磨黑胡椒粉
- 2大匙無鹽奶油 冷藏取出，切成小丁塊
- 2小匙醬油

步驟

1. 取中型鍋具，將水加熱至微滾，約 3 分鐘。倒入玉米粗糠滾煮，持續以木匙攪拌，約 6 分鐘。轉小火，蓋上密閉鍋蓋。
2. 取小鍋加熱雞高湯，保溫備用。每隔 8 至 10 分鐘，打開盛裝玉米粗糠的鍋蓋，先加約 120 毫升雞高湯，充分混拌均勻，重複直到用完所有雞高湯。如果玉米粥太稠，可以適度加點水。35 分鐘後，察看質地，應該是腴滑細緻而不軟爛。加入牛奶，續煮約 10 分鐘。我喜歡偏稀的稠度，但這是個人偏好。煮到你喜歡的質地就沒錯。
3. 熄火。以鹽和黑胡椒調鹹淡。最後以木匙拌入冷奶油和醬油，立即享用。

薑香
波本蜜汁
紅蘿蔔

我是屬於如果看到食譜名裡有薑的話，就會預期吃起來應該要薑味十足的那種人。鮮薑無可取代，而這個食譜裡放了不少。在波本威士忌和紅糖的助溫下，鮮薑讓紅蘿蔔搖身一變飽足肋眼牛排或慢燉牛胸的美味配菜。這道菜是另一個亞洲香料和美國南方風味和諧相處的絕佳範例。4 至 6 人份配菜

BOURBON-GINGER-GLAZED CARROTS

食材

- 4大匙無鹽奶油
- 450克寶寶紅蘿蔔
縱向剖半
或是大紅蘿蔔（約5根）
切成約半公分厚的圓片
（請看筆記）
- 1/4杯紅糖
- 3大匙去皮鮮磨薑泥
（請看筆記）
- 3大匙波本威士忌
- 1顆柳橙汁
- 2小匙鹽
- 現磨黑胡椒粉

步驟

取一只大炒鍋，放入奶油，以大火加熱。接著下紅蘿蔔，翻炒約 6 分鐘，直到稍微軟化。續入紅糖和鮮薑，不斷炒煮約 2 分鐘，直到紅糖融化。倒入波本威士忌和柳橙汁洗鍋收汁，並鬆動鍋底沾黏焦香，持續烹煮，直到紅蘿蔔能輕易以叉子叉入的軟熟度，鍋裡汁液稠化成糖漿狀，約 6 至 8 分鐘。以鹽和黑胡椒調味後，盛盤享用。

如果可能，買個頭沉實鮮脆的有機寶寶紅蘿蔔。拇指姑娘品種是做這道料理的超棒選擇，風味十足，也是農夫市集賣相最佳的紅蘿蔔。

如果手磨薑泥麻煩，請以microplane刨器代勞。

油煎綠番茄香菜酸甜小菜

酸甜的小菜真是十項全能。事實上，我甚至不太知道，到底要特別建議什麼菜搭配這款小菜，因為名單真的很長。請試著和牛胸、熟食冷肉、水煮蝦，甚至是塗上些許奶油的吐司配食。綠番茄先油煎之後，賦予這道菜深度底蘊，讓它幾乎自成一頓餐點。我曾經拿來配鹽味洋芋片和啤酒，完全不後悔。如果想要的話，不妨多製作一些，放冰箱冷藏可保存兩個禮拜左右。可製作 2 杯

FRIED GREEN TOMATO-CILANTRO RELISH

食材

- 60毫升橄欖油
- 約1公斤出頭的綠番茄
切成約0.5公分厚圓片
- 1/2杯洋蔥丁
- 2顆蒜瓣，切碎
- 3大匙新鮮香菜碎
- 1大匙第戎芥末醬
- 1/2小匙雪莉酒醋
- 1小匙糖
- 1/2小匙茴香粉
- 1/2小匙孜然粉
- 1又1/4小匙鹽
- 1/2小匙現磨黑胡椒

步驟

1 取大煎鍋，大火加熱 1 小匙橄欖油。分批油煎綠番茄，每次將番茄片鋪滿鍋底，不重疊，每面大約煎 2 分鐘，視情況添油。移放到盤子上。

2 煎完所有番茄片，將剩餘橄欖油倒進鍋裡，放洋蔥和大蒜，小火炒煮，直到洋蔥軟化，變成半透明狀，約 4 分鐘。離火。

3 將煎番茄片切碎，放進中碗裡，加入洋蔥和大蒜，放香菜、芥末醬、醋、糖、茴香、孜然、鹽和黑胡椒，完全混拌。這款酸甜小菜放在密封保鮮盒，冰箱冷藏可保存約兩個禮拜。

我切香菜碎時，莖葉都不放過。剩餘的香菜，可以插在盛水的玻璃瓶裡，冷藏可保鮮約一週。

編輯

第一次和伊絲妮．克拉克（Ethne Clark）碰面，是她邀我替《有機園藝》（*Organic Gardening*）寫專欄時。這不是一個「給我一道食譜，順便告訴我為什麼」那樣簡單的專欄。身為一個廚師，經常被要求把對蔬菜的愛，濃縮為一百字短語，現在竟然要我寫八百個字。伊絲妮要我說個冬季菠菜的故事。一個禮拜後，我交出第一篇稿子。接著伊絲妮問我，來年要不要寫一整個系列？能為她撰寫專欄，書寫後院和農田裡生生不息的作物，真是我的榮幸。

「過去舊時代認為蔬菜和水果是潮濕寒冷的，可能會破壞身體的體液平衡，導致健康出狀況。隨著啟蒙時代和十七世紀新世界作物的湧入，這些新農作物顛覆了歐洲陷入疲態的味蕾與花園。在那些吃大量肉品的家庭裡，蔬菜成為獨立的主菜，而肉則成為配菜。伊莉莎白時期的哲學家法蘭西斯．貝肯爵士（Sir Francis Bacon）寫道：『全能的上帝首先種植了一座花園，無疑地，那是人類最純粹的享樂。』幾世紀以來，我們一直在後院農園裡尋找慰藉，照料一排排的高麗菜，溫柔地為紅蘿蔔疏苗，採摘香草好喚醒味蕾，在年末時採收勞動的成果。這也是美好生活的最佳隱喻。」

——伊絲妮．克拉克

《有機園藝》雜誌編輯

波本威士忌與下酒菜

BOURBON & BAR SNACKS

肯塔基古老偏方——治療流感的方法是，把帽子掛在床柱上，然後拚命喝威士忌，直到看到兩頂帽子為止。

★★★

週六放縱，週日懺悔

值得奉行的人生格言。路易維爾最盛大的賽馬會是週六肯塔基德比，正是吸引我到訪的主因。這是一個能發財致富或心碎的地方，為期一週胡吃海喝、賭博與放任欲望的驅使，要找什麼麻煩，就有什麼麻煩。而這一切的加總，是我和大多數路易維爾人心目中，全年度裡最棒的一個禮拜。任何你有機會搭上話的人，都在打探押注哪匹寶馬，而每個人都有小道消息樂於拿來交換免費飲料。

德比是個派對第一，競賽第二的賽會，賽事期間目光所及之處，盡是古怪浮誇的帽子和泡泡紗西裝，還有街道上鋪滿賭輸後撕碎的門票。等到德比賽馬正式展開的號角聲響起時，多數人早已吞進平常一個月分量的酒和培根了。

如果沒有波本威士忌，德比就不再是德比。傳統上是喝薄荷朱利普（mint julep）調酒，但大多數理性的飲君子，只會象徵性地先喝一杯以錫杯盛裝的薄荷朱利普，接著換喝更合乎教養的調配：加了冰塊和一點水的陳年波本。波本威士忌的歷史與智識，早已深植肯塔基的文化認同裡，幾乎分不清到底是先有酒，還是先有州的存在。除了菸草與賽馬（德比自一八七五年起舉辦），威士忌一直是肯塔基生存與認同的骨幹。如今，菸草種植已漸式微，在馬匹相關產業的領導地位，快被路易斯安那州和賓州所取代，但波本威士忌地位依舊無可撼動。肯塔基仍然生產全球 95% 以上的波本威士忌。自一九九九年以來，產量甚至還翻倍。沒有一款蒸餾酒像波本之於肯塔基，和地區有如此緊密的關連。我走訪世界各地，每當我和別人說來自肯塔基時，對方第一個提到的總是炸雞，第二是德比，而提到第三個波本威士忌時，總是免不了開懷大笑。

關於哪款波本威士忌最棒一直都是有爭論的，愈是陳年的波本，因為水分蒸發愈多（被譽為「天使的分享」），價格也愈高，但那並不代表就是最好的。這些辯論到後來變成爭論起酒精濃度應該要多少？橡木桶該曬多少太陽？該用什麼水稀釋？每個波本威士忌釀造商，都能列出喝其他品牌波本浪費時間的十大理由。我花了很長一段時間，才喝足五十來種主流波本威士忌品牌。我曾在高爾特豪斯飯店頂樓的舊D. Marie酒廊，度過不少迷茫的下午時光，品飲架上所有波本。我曾花五十美元只為嘗一口從灰燼搶救回來，史蒂茲—威勒（Stitzel-Weller）出品的稀有波本威士忌。我曾歡醉在銳博（Rebel）的簡單愉悅中，也曾對泰勒上校（Col. E. H. Taylor）的複雜層次高談闊論；最後晉升到波本威士忌的終極聖杯：凡溫克老爹（Pappy Van Winkle）的23年老酒。喝威士忌可不是便宜的嗜好，且得花上好多年才能培養出獨到的喜好觀點。在喝了八年不計其數的波本之後，我得出以下結論：我從來沒遇過不喜歡的波本。多的是我不想喝的葡萄酒；有些啤酒糟到我連提都不想再提；有些蘇格蘭威士忌喝起來的味道像驢子屁股；琴酒花香味重到，讓我以為在喝我太太的香水；伏特加除了調味的版本，基本上淡而無味；我倒是很喜歡蘭舌蘭的滋味，但我痛恨地板的味道——那是我每次喝完龍舌蘭躺平的地方；白蘭地很好喝，但太貴；而蘭姆酒總讓我想到甜點。那麼就是波本了，沒有之一。

波本是以風味中性的穀物酒精為基底，多半用玉米，然後再放進內側先行炙燒焦化過的橡木桶存放陳年。我對波本的看法是：將任何中性酒精，倒入燒焦的橡木桶，然後靜置熟成數年，喝起來至少是普遍接受的風味。沒錯，有些波本煙燻味強悍些，有些偏焦糖味，有些則帶著雪松氣息，但這些都屬於個人口味偏好的差異。即便是最商業化的波本威士忌，我也來者不拒。我經常被問：「你最喜歡的波本是哪一款？」我的答案總是：手上這一款。

波本蒸餾廠已齊心同力，致力維護、保存，撐起「波本」這名稱的品質，像是蘇格蘭威士忌（Scotch）與法國的香檳（Champagne）。波本（bourbon）這個詞，也承載著漫長珍貴的歷史，有著和肯塔基及綿延起伏的阿帕拉契山脈密不可分的根底和傳統。而且被不少嗜血生意人虎視眈眈包圍著，伺機從這個名字撈一筆。這是一場持續且永無休止的戰役。目前，波本這個名稱在標籤使用上，受到法律嚴格管控，這也代表著裝瓶的威士忌所能追求的最高標準。所有波本一定都是威士忌，但不是所有威士忌都是波本。

對我來說，新年第一個週日，永遠是最棒的週日。我總會特地去聆聽新錫安浸信會的奧卡德牧師講道。這是揭開全新一年序幕的絕佳方式。奧卡德牧師是朋友，也是老饕。他一如大部分高個子的男人，談話時身體總微微傾身，以便聽清楚對方的話語。他說話的聲音極度溫柔、字斟句酌，總讓人忍不住傾身專注聆聽，如此也讓他所說的一切，顯得愈發重要。聽他講道，像是去領受電流穿過全身的感覺，每個字都經過深思熟慮的揀選。但如同所有厲害的演說家，真正打動人心、引發共鳴的，是他表達的方式，及話語所承載的重量。奧卡德牧師的溫和風範，會逐漸地構築成一種充滿節奏感的撼動力，再進一步飆升到一種愛、和諧與慈悲的集體狂喜。自始至終，管風琴聲和諧地彈奏著，唱詩班也以熱情的掌聲應和。試圖用言語形容這樣的體驗，幾乎是對它的不敬。這是個厚植於美國南方的傳統，無比強大且滿載歷史，它像是窺見歷史的一扇窗，讓我不禁被深深吸引。

我不是虔誠的教徒，但我有信仰。我相信社區共同體。每個週日，奧卡德牧師不斷地修整社區的集體信念。我第一次走進他的教堂時，對於自己可能會顯得格格不入而感到極度緊張。我擔心與眾不同的自己，也對被視為冷眼旁觀的外人感到不安，雖然我就是個外人。幸好有我太太陪著。我不只被在場所有人的親切所感動，更驚訝於他們竟然看得出我的焦慮不安，然後進一步地幫我放鬆。這個社區成員如此溫暖地歡迎我，讓我在布道結束後，也跟著鼓掌說：「阿門！」

我從來沒遇過不喜歡的波本。

按照慣例，星期日做完禮拜之後，會前往路易維爾最棒的靈魂料理（soul food）餐廳之一的Franco's用餐。我們大啖燉豬肉、煙燻豆子、豬腳、豬肝和洋蔥、燉寬葉羽衣甘藍，及全城最鹹香美味的炸雞。這家餐廳不只擠滿了食客，更多的是親朋好友相約聚餐。他們因為傳統習俗而凝聚在一起，但最關鍵之一，是對美食的熱愛。每次我來這裡吃飯，總會有幾個孩子在家庭聚餐時笑鬧搗蛋，我總是因為這一幕像極了我小時候和家人上韓國餐館吃飯的情景，而感到無比驚喜。沒有人會看菜單，因為永遠就點那幾道；孩子可以被允許在餐廳到處走逛，因為認識餐廳裡的每一個人。而且不論食物有多好吃，永遠都有人有微詞。這些相似性讓我會心一笑。

再來是食物。兩者是如此南轅北轍，但那種被撫慰的感覺，和那些鹽辣香甜的滋味，卻是如此熟悉。非受靈魂食物文化滋養長大的我仍然能理解，一碗溫熱寬葉羽衣甘藍和一盤水煮肋排，足以讓生活的一切都變得妥貼安適。我隨時願意用餐廳真空低溫舒肥機，交換一盒裝在保麗龍盒裡的鹹香酥脆炸雞。第一次在Franco's吃飯的經驗，也是開啟我重新找回塵封在腦海裡，屬於自己文化料理記憶的起點。我開始將童年食物的印記，和靈魂料理具有的文化複雜性重疊起來，而我所看見的，是意想不到的平行線。就像我把一張描圖紙蓋在那些畫面上，按著圖案如實描繪一樣。如果我祖母還在世，我會告訴她，我有多想念她的食物，但我也會告訴她，我在一家靈魂料理餐廳，和遍及美國南方最尋常簡陋的廚房裡，找到了她的精神。最後告訴她，一碗粥和玉米糊之間，其實並沒有太大的差異。

每次在Franco's，我總是狂吃炸雞、豆子、寬葉羽衣甘藍、豬腳，和那個週日的特別菜式。我啜飲著甜死人不償命的冰紅茶，靠坐在粉紅色軟墊座位上，心想：「如果這時來杯波本冰茶該有多好！」但這是週日，看在上帝的分上，週日不能喝波本酒啊！

墨西哥青辣椒波本薄荷朱利普

薄荷朱利普是德比慶典的一部分，人人都會參與的儀式。但老實說，我喝過的多數朱利酒都偏甜膩，幾乎不太能喝完。這款是我的朱利酒變奏版：滿溢薄荷氣息和蓊鬱綠意，後味帶著一絲辛辣，讓人想再來一口。以錫杯或銀製薄荷酒杯盛裝，坐在有木蘭樹遮蔭的戶外露台啜飲。1杯份

JALAPEÑO SPIKED BOURBON JULEP

食材

- 4至6片薄荷葉
  再加一小枝葉做杯飾
- 30毫升墨西哥辣椒糖漿
  （食譜如下）
- 碎冰塊
- 75毫升波本威士忌
- 些許蘇打水
- 1片墨西哥青辣椒做杯飾

步驟

將薄荷葉放在薄荷酒杯杯底，加進墨西哥辣椒糖漿，再以木質攪拌棒或木湯匙輕輕搗壓薄荷葉。加進大約2/3杯的碎冰塊，倒入波本威士忌，輕輕攪拌，再加入幾乎填滿杯子的碎冰塊。上頭倒入些許蘇打水。以薄荷嫩枝和墨西哥青辣椒片裝飾。立即飲用。

墨西哥青辣椒糖漿 可製作360毫升

食材

- 240毫升水
- 1杯糖
- 2個墨西哥青辣椒
  粗切（連蒂帶籽）

步驟

1 取小湯鍋加入水、糖和青辣椒，煮至沸騰，攪拌加速糖粒溶解。熄火，靜置約20分鐘。

2 過濾糖漿，靜置放涼。倒入密封容器，放冰箱冷藏。

> 這款糖漿冷藏幾乎可長保不壞。用在其他雞尾酒也相當順口，或者淋在水果沙拉上能帶來一絲鮮辣生氣。

肯塔基騾子

如果預期這晚將是漫漫長夜，通常會以這款調酒開場。鮮薑有助安撫腸胃，也可以讓鼻竇通暢，而波本威士忌能喚醒五感。但是別掉以輕心，這調酒好喝到很容易在晚餐前喝太多，導致之後什麼也嘗不出來。鮮薑糖漿是重點，切勿省略。1 杯份

KENTUCKY MULE

食材

- 45毫升波本威士忌
- 1/4小匙現擠萊姆汁液
- 30毫升鮮薑糖漿（食譜如下）
- 90毫升蘇打水或薑汁啤酒
- 1個萊姆切片，杯飾用
- 1片薄薑片，杯飾用

步驟

在古典杯中加入冰塊，倒入波本威士忌、萊姆汁和糖漿，再加進蘇打水，輕輕攪拌。以萊姆片和薑片裝飾，立即飲用。

鮮薑糖漿 可製作約 360 毫升

食材

- 240毫升水
- 1杯糖
- 90克薑段，粗切

步驟

1 取小湯鍋加入水、糖和鮮薑，煮至沸騰，攪拌加速糖粒溶解。熄火，靜置約 20 分鐘。

2 過濾糖漿，靜置放涼。倒入密封容器，放冰箱冷藏，可保存數個月。

可用於調配其他雞尾酒，或是淋在香草冰淇淋上。

雞尾酒

對於如何調出一杯到位的薄荷朱利普，或是一杯正統的古典雞尾酒，我可以講上好幾天。我對那些頂尖調酒師澎湃熱情的敬意，等同於我對優秀廚師的尊敬，兩者毫無差別，雖然我調酒時，盡量不太講究——調配雞尾酒的時間，不應該長於品飲。當然，我肯定有幾款偏好，既優雅又不特別複雜的調酒。雞尾酒對我來說，像是晚餐裡的一部分：我會以一款雞尾酒開場，通常也會以另一款收尾，但用餐期間，我盡量不喝。

我會常備幾款不同年分的波本威士忌；愈陳年的，愈不需要調入配料。對於大多數值得單飲的波本，調入可樂或糖液簡直是褻瀆。最陳年的那幾款，只要一顆冰塊足已，謝絕其他。而我個人最偏愛的波本喝法是，兩份波本加一份水，再放進一塊冰塊，喝起來就是對味。至於調酒要用哪款波本？我一般選用比一般品質再高一點的波本，但從來不用十年以上陳釀來混調。當然也會避免使用那些裝在大容量塑膠瓶的便宜貨。

波本威士忌的底細

威士忌要能稱為「波本」，必須至少使用51%的玉米；必須在美國釀造，並且陳年於燒製過的美國橡木桶中，在裝瓶時的酒精濃度不得低於酒精純度80（註：80 proof，換算成ABV約為40％）。大多的波本酒都在肯塔基幾家酒廠釀造，且釀造方式世代相傳不變，通常存放在日光暖陽得以從窗戶灑入的巨大倉庫裡。坊間會用無數的風味形容波本的特質個性，對我來說，最重要的是酒瓶裡所承載的故事和歷史：調和的祕方、抬面下的酒桶交易、私釀酒的私下流通、水災及龍捲風。不少人會說，波本在肯塔基誕生，是因為本地的石灰水、路易維爾是重要的交易樞紐、禁酒令、以及氣候的關係。答案可能以上皆是，但在我看來，真正的原因其實是那些固執又瘋狂的肯塔基人士，不顧大自然氣候的考驗、叛亂、戰爭、政府禁令或各種背叛衝突，硬是要釀造出這種深渴色液體。波本或許是現今大膽的年輕調酒師的新歡，但仍然是由同樣一群，讓波本能代代相傳，充滿韌性的人士們所釀造。

CLERMONT
VERSAILLES
FRANKLIN COUNTY
LOUISVILLE
JIM BEAM
KENTUCKY STRAIGHT BOURBON WHISKEY
ROCK HILL FARMS
Single Barrel Bourbon
LABROT & GRAHAM
WOODFORD RESERVE
DISTILLER'S SELECT
JEFFERSON'S
AGED 10 YEARS
FRANKFORT
NELSON COUNTY
BARDSTOWN
LAWRENCEBURG
LEESTOWN
Pappy Van Winkle's
Family Reserve
15 years old
ELIJAH CRAIG
12
WILLETT
Kentucky Bourbon Whiskey
RUSSELL'S RESERVE
10
YEAR OLD
KENTUCKY STRAIGHT BOURBON WHISKEY
COLONEL E.H. TAYLOR
BOTTLED IN BOND

波本威士忌甜茶

我通常用大水壺或梅森玻璃瓶調製這款帶酒精的甜茶。因為不可能只喝一杯就罷休，而且放一整天也不變質。你可以自己決定用什麼茶，選你的最愛就對了。再加一點風味溫和的波本威士忌。我加了大量的糖，畢竟是甜茶嘛！如果是桃子產季，也可以用桃子切片裝飾。記得準備大量冰塊調製。

千萬別使用一般冰紅茶的玻璃杯，會讓人誤以為是冰紅茶而大喝一口，導致整個晚上全毀（也可能不會，取決於對方是誰）。相反的，用小酒杯或甘露酒酒杯取代吧。可調製1只大水壺的量，約6至8人份

BOURBON SWEET TEA

食材

- 720毫升水
- 1/2杯糖
- 2至3個茶包
- 1顆檸檬，切成楔形瓣狀
- 1顆萊姆，切成楔形瓣狀
- 1顆柳橙，切成楔形瓣狀
- 240毫升波本威士忌
- 檸檬切片，裝飾用

步驟

1 製作紅茶：將水和糖放進小湯鍋裡，煮至沸騰，攪拌加速糖粒溶解。將糖水倒入水壺裡，放進茶包，浸泡約5至10分鐘，依你希望茶湯濃度而定（想要茶味重些，就泡久一點）。

2 取出茶包，放進檸檬、萊姆和柳橙塊。倒入波本威士忌，蓋住瓶口，放冰箱冷藏。

3 以小玻璃杯盛裝，點綴上檸檬切片。

叛逆者的吶喊調酒

我總是用銳博波本（Rebel）調製這款有點聲名狼藉的調酒。我知道它不是世面上最上乘的波本威士忌，但嘿，如果凱斯·李察（Keith Richards，註：英國滾石樂團創團者兼吉他手）覺得夠好，那我也不會有異議。事實上，這威士忌比多數人給的評價好上許多，我家裡會常備一瓶。1 杯份

THE REBEL YELL

食材

- 60毫升波本威士忌
- 15毫升現擠柳橙汁
- 些許現擠檸檬汁
- 些許糖
- 一點點雷根香橙苦精（請見「食材採買一覽」第291頁）
- 1顆大號雞蛋蛋白
- 冰塊
- 柳橙切片，裝飾用

步驟

將波本威士忌、柳橙汁、檸檬汁、糖、香橙苦精和蛋白，放進裝滿冰塊的調酒器裡，用力搖盪，倒入古典杯裡。以柳橙片裝飾，立即飲用。

使用生蛋白調製時，請注重新鮮度，選擇有機尤佳。如果蛋白厚實，並緊緊依附蛋黃，就表示雞蛋新鮮。

新古典雞尾酒

每個人都能賦予古典雞尾酒（old-fashioned）現代新詮釋。這是一款經典的調酒，但常常調得太甜膩，而且添加酒漬櫻桃這個主意，對我來說有點做作，不夠清新。黑莓和百里香是天生好搭檔，而且和波本威士忌和樂融融。這款優雅、現代的雞尾酒，是向老派經典致意的絕佳方式。1 杯份

THE NEW-FASHIONED

步驟

1 製作杯飾：將一顆黑莓串插在一根百里香上，仿製帶梗櫻桃的樣子。

2 把方塊紅糖放入大古典杯裡，接著放進苦精、柳橙塊、剩下的黑莓和百里香，用木質攪拌棒或木匙，將所有食材混拌成泥狀。倒入波本威士忌，填進冰塊，再攪拌一番。倒蘇打水，飾以百里香黑莓「櫻桃」。立即飲用。

食材

- 3顆黑莓
- 2根新鮮百里香
- 1個方塊紅糖
- 一點點費兄弟香橙苦精（請見「食材採買一覽」第291頁）
- 1個小柳橙瓣
- 60毫升波本威士忌
- 冰塊
- 些許蘇打水

大黃薄荷茶加月光酒

你不大可能在住家附近的酒鋪買到月光酒（moonshine），但如果能弄到手的話，這是我喝過最賞心悅目又好喝的一款特調飲品。威士忌入桶陳釀之前，是蒸餾成清澈乾淨的玉米酒，也叫「白狗」或「白閃電」，或基本上俗稱的月光酒。如今，白狗在市面上比較普及，有些波本蒸餾酒廠會為愛好者裝瓶出售。它帶有乾淨、甜美且清新的氣味。如果買不到月光酒，這款薄荷茶單喝也很棒。這則食譜可以泡出超過調酒所需的分量，可以在慢步調的日子裡，單純享用茶飲。可泡約 2 公升的量

RHUBARB-MINT TEA WITH MOONSHINE

食材

- 約1.5公升水
- 240毫升蔓越莓汁
- 2杯糖
- 8根大黃，略修剪
  切成約5公分小段
- 1小把新鮮薄荷

每杯飲料所需

- 冰塊
- 60毫升月光酒或白狗
  （可省略）
- 1/2片萊姆片，裝飾用
- 1小株香菜，裝飾用

步驟

1. 將水、蔓越梅汁和糖放進中型鍋具，加熱至沸騰後，放進大黃，微滾煮約 20 分鐘。熄火，放涼約 15 分鐘。
2. 保留一小株薄荷做裝飾，將其餘薄荷全數放入大黃汁水裡，浸泡約 1.5 小時。
3. 濾出茶湯，放冰箱冷藏。
4. 製作單杯飲料：用冰塊填滿一只小梅森玻璃瓶。倒入月光酒，再倒茶湯至滿杯。以半片萊姆薄片、薄荷枝葉和香菜裝飾，立即飲用。

MAS

肯塔基出品的醬油

釀造波本所帶來的饋贈並不僅限於酒。那些舊橡木桶裡仍保有層次豐富的風味，這些木桶被用來替蘇格蘭威士忌、啤酒到辣醬等加持了波本氣息。我第一次聽說有醬油是用波本酒桶熟成小量釀造的時候，內心滿是狐疑。然後我在地方報紙上看到一張邁特．傑米（Matt Jamie）的照片，一款白人釀造的醬油？我打心裡認定品質肯定不佳，但這個世界就是充滿驚喜。邁特的藍草醬油（「食材採買一覽」，第291頁）是我嘗過最棒的一款醬油。你可以用在所有使用醬油調味的食譜裡，而它的風味比一般市售主流品項更溫和圓潤。邁特的釀造設備離我的餐廳不到十分鐘車程。我有事沒事就去「蘸醬油」，只為了坐在倉庫裡沉浸在那濃烈的氣味裡。在路易維爾的市中心，遙望鐵軌和舊屠夫鎮，然後被一種，我只能以「代代傳香的原始發酵黃豆汁極具撫慰的氣息」 來形容的香氣所包圍環繞……對我來說，實在相當超脫現實。

水煮花生

水煮花生是美國南方歷史久遠的傳統小食，卻是美國東北住民吃不懂的事物之一。我也是經過一段時間才喜歡上的，但真的好吃，相信我。我的食譜加了些許醬油，賜予花生濃郁的鮮味。請用帶殼乾花生或新鮮花生，而非烘烤過的花生製作。可煮 2 又1/2 杯的量

BOILED PEANUTS

食材

- 450克帶殼乾花生或新鮮花生
- 1/4杯鹽
- 2大匙醬油

步驟

1 將花生、約 2 公升水、鹽和醬油放進大醬汁鍋裡，加熱至沸騰，轉小火，滾煮約 4 至 6 小時，視你有多少時間餘裕而定（時間愈長愈好，但一般不都是如此嗎？每隔 1 小時，察看水量；每小時加約 1 公升的水，以確保水量充足多）。

2 瀝出花生，放涼。

3 將花生放在碗裡，讓客人自行剝殼。準備空碗裝空殼，或者如果在戶外享用，直接把殼丟到香草園圃裡，那是極好的堆肥。花生若有剩餘，放冰箱冷藏可保存約一週。

毛豆
和水煮花生

當我構思出這道菜時，腦子裡彷彿有顆120瓦的燈泡突然亮起。我這輩子不斷地會吃到這個簡直無所不在的日本小點：毛豆。我初次嘗試水煮花生時，從那軟糯肉感的質地，讓我聯想到毛豆，但那濃郁的鮮味，和新鮮毛豆的青澀豆味天差地別。然後我想，為什麼不把它們送作堆呢？日本最棒的小點，遇上美國南方的終極小食。滑膩的中東芝麻醬把兩者兜在了一起。

二〇一一年我第一次為「南方糧食聯盟」座談會的午餐上製作這道料理，從此一煮成主顧。這是開宴的絕佳菜色，再配上一杯加冰塊、檸檬片的諾利帕法式乾苦艾酒（Noilly Prat dry vermouth）。4至6人份點心

EDAMAME AND BOILED PEANUTS

中東芝麻醬汁

- 120毫升中東芝麻醬（請看筆記）
- 3大匙麻油
- 60毫升水
- 2大匙現擠檸檬汁
- 1又1/2大匙醬油
- 1/2小匙鹽
- 2小匙芝麻粒

- 1杯去殼煮熟即食毛豆（請看筆記）
- 1杯水煮花生（請看第247頁），去殼

步驟

1 製作中東芝麻醬汁：將除了芝麻粒之外的所有食材放入果汁機，按暫停間續攪打至滑順，如果太濃稠，加點水，使其達到滑順油醋汁的質地。移放到碗裡，拌入芝麻粒。冰箱冷藏備用。

2 將毛豆和花生放在另個碗裡，倒入中東芝麻醬汁，混拌均勻。以小碗盛盤上桌。

中東芝麻醬（tahini）是中東地區和印度料理經常使用的濃稠芝麻醬。通常是瓶裝或罐裝，打開時，油脂會和泥醬分離並浮到上層。油脂不可或缺，千萬別倒掉。把整瓶內容物全倒進大碗裡，用一支夠力的攪拌器，將油和醬攪拌均勻至完全混融後，再倒回瓶子裡。現在它隨時等候你的差遣了。

毛豆的英文「edamame」來自日文的「枝豆」一詞，指的是綠莢裡幼嫩黃豆。大多數食材專賣店都買得到冷凍毛豆。快速解凍完，綠色豆莢隨意一擠就彈出豆仁。

培根糖果和咖哩腰果

鹹香堅果和甜蜜培根，各取所長，兩全其美。每次我辦聚會，都會把這點心放在小碗裡，因為如果一次放太多，很快會被客人掃光，然後飽到吃不下晚餐。這也是晚餐前來杯波本威士忌的完美下酒菜。食譜之簡單，完全證明了只要花點心思，就能有遠大效果。這則食譜改用花生、胡桃和杏仁也很適合。倒是不建議用夏威夷果和松子製作。4 人份點心

BACON CANDY AND CURRIED CASHEWS

食材

- 6片蘋果木煙燻培根切小丁
- 2大匙糖
- 1杯腰果
- 2小匙馬德拉斯咖哩粉
- 1/4小匙卡宴紅辣椒粉
- 些許鹽和現磨黑胡椒

步驟

1. 以攝氏 180 度預熱烤箱。
2. 中火加熱大煎鍋，放進培根丁，香煎 5 至 6 分鐘，直到多數油脂釋出，培根開始酥脆。留1大匙培根油，其餘倒進小碗，備用。
3. 放糖入煎鍋，翻炒約 2 至 3 分鐘，直到糖裹上了培根，培根變得亮澤。加入腰果、咖哩粉、卡宴紅辣椒粉、鹽和黑胡椒，翻拌使堅果沾滿香料。如果看起來有點乾，加一小匙培根油，再翻拌一下。
4. 將堅果平鋪在墊著烘焙紙的烤盤上，烤約 12 分鐘。倒入密封容器裡，室溫可保存一週。

七味粉波特大蘑菇肉乾

要做「真的」肉乾，得有食物脫水器和時間，在家時，我兩者皆缺，相信你也是。這個食譜有神似肉乾的風味和質地，但製作時間大大縮短。堪稱健康的零嘴，對蔬食朋友很友善。我也喜歡當作冬季沙拉的配料。可配上一杯北海岸酒廠（North Coast Brewing）的老拉斯普丁帝國司陶特（Old Rasputin Imperial Stout）。3至4人份點心

PORTOBELLO MUSHROOM JERKY WITH TOGARASHI

食材

- 2朵波特大蘑菇（約300至360克）
- 80毫升橄欖油
- 3大匙醬油
- 1大匙甜高粱糖漿或蜂蜜
- 2小匙現擠檸檬汁
- 1小匙七味粉（請看筆記）

步驟

1 烤箱置中擺放烤架，以攝氏160度預熱。放入無邊烤盤，上方再放一個網架。

2 波特蘑菇擦乾淨，切薄片，約0.3公分厚。將蘑菇片與其餘食材放入小湯鍋裡，以小火加熱至微滾，續滾煮直到甜高粱糖漿溶於水裡，約4至6分鐘。

3 瀝乾蘑菇片，保留煮汁。將蘑菇片排放在烤盤上的網架。用烘焙刷一一刷上煮汁。翻面，重複刷汁。

4 烘烤約25分鐘，或直到蘑菇皺縮，顏色變深，但仍有嚼勁。將烤箱溫度調高到190度，續烤約10分鐘。從烤箱取出，讓蘑菇片靜置網架上放涼。

5 上菜時將蘑菇片疊放在小盤上。若有剩餘，放入密封容器，置冰箱冷藏，可保存數天。

七味粉是日本的一款混合香料，亞洲超市應該買得到。通常裝在一個類似獵槍子彈殼的小罐子裡。有不同風味選擇，基本款是紅辣椒粉、陳皮屑、海苔、芝麻粒和其他香料種籽的混合。

這個作法也可以運用在香菇、蠔菇、褐蘑菇或雞油菌上。有些野菇像是黑喇叭菇、羊肚菌等，就不適合，因為太嬌弱。

蘆筍
蟹肉煎餅

並非所有酒吧小食都是在向放縱致敬。我會在春天蘆筍盛產時，做這道料理。薄荷會在最後來一記清香的回馬槍，而當我感覺想來點法國情調時，就用龍蒿取代。當作小食零嘴，我會煎成迷你尺寸的煎餅，但你也可以加大尺寸，配上蒲公英嫩葉沙拉佐檸檬醬汁，升級成前菜。

配酒的話，我愛死了阿根廷來的特濃情白葡萄酒（Torrontés）的簡單明亮，但是得選一款上乘的，因為市面上不少次級品。4至6人份點心

ASPARAGUS AND CRAB FRITTERS

食材

- 1杯中筋麵粉
- 1小匙玉米澱粉
- 1顆大號雞蛋
- 240毫升全脂牛奶
- 8根蘆筍（請看筆記），切細片
- 8盎司（240克）特大塊蟹肉
- 少許辣醬（我的最愛是德州彼得）
- 1小匙第戎芥末醬
- 1/4杯新鮮薄荷碎
- 1小匙鹽
- 1/2小匙現磨黑胡椒
- 橄欖油，油煎用
- 檸檬楔形瓣，盤飾用

步驟

1 取中型碗混拌麵粉和玉米澱粉。打入雞蛋，混拌均勻。慢慢倒入牛奶，拌成類似鬆餅麵糊的質地。接著加進蘆筍片、蟹肉、辣醬、芥末醬、薄荷、鹽和黑胡椒，混勻。

2 取中型煎鍋，倒1大匙橄欖油入鍋，中火加熱。將差不多1大匙左右的麵糊倒進鍋裡，在不擁擠的前提下，鋪滿鍋底，煎約2分鐘，或直到底下麵糊開始變得金黃香酥，翻面，續煎約1至2分鐘，直到第二面也呈現深咖啡色澤，餅芯熟透。放在紙巾上瀝油，重複動作，直到處理完所有麵糊。

3 將煎餅移放到橢圓型菜盤上，搭配檸檬瓣，立即享用。

> 請使用新鮮的蘆筍做這道菜；筍尖應該要緊緊密合，長莖緊實，顏色鮮綠。

酥炸薯條

我最喜歡的炸薯條方式，是餐廳慣用的先燙後炸，總是能把薯條炸得像法式餐酒館賣的那種金黃香酥。這則食譜炸出的分量，會比料理泡菜乳酪肉汁薯條（請看第254頁）所需更多的薯條，但要做到不邊炸邊吃，根本是不可能的任務。做為點心，可供1至2位饑腸轆轆者，或者4人份配菜

CRISPY FRENCH FRIES

食材

- 3顆大號愛達荷馬鈴薯洗刷乾淨
- 約2公升花生油，油炸用
- 海鹽和現磨黑胡椒粉

步驟

1 將馬鈴薯縱切成約半公分粗的長條。將薯條放進裝滿冰水的大盆裡，確定所有薯條都淹沒在冰水中。冰箱冷藏約半個小時。

2 將油倒入厚實的深鍋，加熱至攝氏約165度（油量差不多5公分深，並確認油面以上的鍋緣，至少還有約8公分的空間）。

3 將薯條放在紙巾上瀝乾，再以更多紙巾繼續擦乾，你的目標是：愈乾愈好。當油達到適當的溫度時，放進一小批薯條，油炸約4至6分鐘，直到鬆軟且染上淡金黃色澤。用漏勺小心撈出薯條，置於紙巾上瀝油約15分鐘（油鍋置旁）。

4 將油加熱到約190度，將薯條放回熱油中，同樣分批製作，油炸約2至3分鐘，或直到金黃香酥。移放到新的紙巾瀝油，立即撒上鹽和黑胡椒，趁熱享用。

泡菜乳酪肉汁薯條

這則食譜屬於「泡菜能點菜成金」的類別裡。我第一次吃乳酪肉汁薯條，是在馬丁．皮卡得（Martin Picard）位在蒙特婁的餐廳 Au Pied de Cochon，從此一直魂牽夢縈。這吃法是對所有肥膩軟黏牽絲食物的另類致敬：基本上就是一盤上頭覆蓋著融化凝乳和肉汁淋醬的薯條。這幾年，在美國各地以不同樣貌嶄露頭角。皮卡得主廚用鵝肝加持；我怯生生地用泡菜淋上薯條。建議搭配超大瓶的比利時 Brouwerij Huyghe 酒廠的迷幻象三麥金啤酒（Delirium Tremens）。

做為點心，可供 1 至 2 位饑腸轆轆者

KIMCHI POUTINE

食材

- 1大匙無鹽奶油
- 1大匙中筋麵粉
- 180毫升重乳脂鮮奶油
- 60毫升雞高湯
- 1小匙醬油
- 1小撮卡宴紅辣椒粉
- 適量鹽和現磨黑胡椒粉
- 現炸薯條，能在6英吋（直徑約15公分）鑄鐵煎鍋鋪滿單層的最大量
- 1/2杯凝乳（請看筆記）
- 1/4杯粗切紫紅高麗培根泡菜（請看第178頁）
- 1小匙新鮮扁葉巴西里碎

步驟

1. 以攝氏 180 度預熱烤箱。
2. 取 6 英吋煎鍋，融化奶油。放進麵粉以小火翻炒約 3 分鐘，製作奶油炒麵糊。慢慢加入鮮奶油、雞高湯和醬油，攪拌直到滑順，以卡宴紅辣椒、鹽和黑胡椒調味，保溫備用。
3. 將炸薯條鋪排在 6 英吋鑄鐵煎鍋上，撒凝乳塊和泡菜，放進烤箱直到凝乳溫熱融化牽絲，約 5 分鐘。
4. 從烤箱取出煎鍋，將肉汁淋於薯條上，撒上巴西里碎，直接以煎鍋上桌，立即享用。

乳酪凝乳是牛奶發酵時產生的乳固體，是這款肉汁薯條的必放食材。因為新鮮的不容易買，所以能以優質哈瓦蒂乳酪或傑克乳酪刨絲替代，同樣賣相口味俱佳。

辣椒乳酪醬

美國南方有多少戶人家，就有多少種版本的辣椒乳酪醬。我旅行時搜羅了不少，現在我通常做這款獨門的混血版本。食譜十分簡單，味道嘗起來正統，作法非常容易。辣椒乳酪醬的運用方式多不勝數：製作炙烤乳酪三明治，或是漢堡，加進乳酪通心粉，塞進橄欖裡（請看次頁），你真的應該在冰箱裡常備才是。可製作約3又1/2杯

PIMENTO CHEESE

食材

- 420克濃味巧達乳酪刨絲
- 1顆蒜瓣，略切
- 些許伍斯特辣醬
- 些許辣醬（我的最愛是德州彼德）
- 120毫升美乃滋杜克牌尤佳
- 1罐約120毫升（4盎司）西班牙辣椒，瀝出略切保留汁液
- 鹽和現磨黑胡椒粉

步驟

將乳酪、大蒜、伍斯特辣醬、辣醬、美乃滋放進食物調理機，以暫停鍵攪打混合，但仍有碎塊的質地。移放到碗裡，放進西班牙辣椒。如果需要質地滑順些，可加一點保留的西班牙辣椒汁液。以鹽和黑胡椒調味。放密封保鮮盒裡，冰箱冷藏可保存約一週。

炸橄欖
填辣椒乳酪

沒有什麼比一瓶吧台上的辣椒乳酪醬，旁邊還放著脆皮麵包更誘人，但我總覺得吃一大口腴滑的乳酪，實在和我最愛的波本威士忌很不搭調。於是，我想出了這道波本友善的下酒零嘴。我知道炸橄欖不是什麼新鮮玩意，但是塞一點辣椒乳酪醬進去，多了恰到好處的鮮酸奶脂香氣。製作12顆炸橄欖

FRIED OLIVE STUFFED WITH PIMENTO CHEESE

食材

- 12顆去核大橄欖
- 60毫升辣椒乳酪醬（請看前頁）
- 1/4杯中筋麵粉
- 1顆大號雞蛋
- 1小匙橄欖油
- 1/4杯細麵包粉
- 480毫升花生油，油炸用

步驟

1 瀝出橄欖並拍乾。如果有甜紅椒填塞在中央，以牙籤挑出。將辣椒乳酪醬裝進可重複使用的塑膠袋，將乳酪推到袋子底下其中一角，用力旋緊塑膠袋上方，就搖身一變成小號擠花袋。在角落處剪個小三角型開口，將辣椒乳酪醬擠進橄欖裡。

2 放三個小碗準備替橄欖沾裹粉料：將麵粉放在其中一個碗；第二個碗放雞蛋和橄欖油，輕輕攪打；第三個碗放麵包粉。每個橄欖先沾裹上麵粉，接著沾上油蛋液，最後在麵包粉裡滾一滾，然後放到盤子上。準備立即油炸或是冷藏備用，但不宜超過一小時。

3 將花生油倒入厚實大鍋裡，以中火加熱至約攝氏180度。一次一顆小心地把橄欖放入熱油裡油炸，偶爾翻動，炸到金黃，約2至3分鐘。用笊籬或濾勺，輕輕從熱油裡撈出炸橄欖，放在紙巾上瀝油。

4 將炸橄欖放在小盤子裡，趁溫熱上桌。然後，沒錯，儘管去喝那杯你想望很久的馬丁尼吧！

> 橄欖炸完後，我通常不加鹽，因為橄欖本身夠鹹，不過視品牌而定，也許你會想加一些，下手前，先試吃再決定。

炸酸黃瓜

一個關於食物的熱門辯論話題之一是：哪種形狀的炸酸黃瓜比較可口，條狀還是圓片？我對兩方論點都能理解贊同。條狀的熱醃汁與麵衣比例特別高，於是每一口多汁鹹香，但麵衣卻經常在還沒吃完就掉光光。圓片面積比較大，會黏附更多麵糊，但太多麵糊也會沾附過多番茄醬，反而壓過酸黃瓜的滋味。但不管哪一種，炸酸黃瓜就是美味。我做過各式各樣奇巧蘸料配食炸酸黃瓜，但結果是，都比不上單純的亨氏番茄醬。你可以用淺漬葛縷子黃瓜（第185頁），或是優質手工品牌酸黃瓜製作。

將剛出鍋的炸酸黃瓜放在報紙上，配上番茄醬和一大疊紙巾，以及來自鵝島精釀（Goose Island）出品的大瓶裝蘇菲（Sofie）啤酒極好。4 人份配菜

FRIED PICKLES

麵糊

- 2杯中筋麵粉
- 1大匙蒜粉
- 1大匙洋蔥粉
- 1大匙猶太鹽
- 2小匙卡宴紅辣椒粉
- 1小匙煙燻紅椒粉
- 1小匙孜然粉
- 1小匙現磨黑胡椒粉
- 1罐360毫升（約12盎司）拉格啤酒

- 720毫升玉米油
- 1杯酸黃瓜切片，瀝出拍乾
- 猶太鹽
- 番茄醬，蘸食用

步驟

1 製作麵糊：將麵粉、大蒜粉、洋蔥粉、鹽、卡宴紅辣椒粉、煙燻紅椒粉、孜然粉和黑胡椒放入大盆裡拌勻。慢慢倒進啤酒，緩緩攪拌。靜置麵糊約 15 分鐘。

2 取厚實鍋具，加熱玉米油至約攝氏 180 度。如果使用條狀：將酸黃瓜條裹上麵糊，甩掉多餘麵糊汁，輕輕放入熱油裡。分批油炸，約 2 至 3 分鐘，直到麵糊變得香酥金黃。若使用圓片：將所有酸黃瓜片放入麵糊裡，以笊篱或濾勺，從麵糊裡撈出所有黃瓜片，滴除多餘的麵糊汁（這會花上一點時間）。接著輕輕把黃瓜片放進熱油鍋，比照前段油炸黃瓜條方式處理。放在紙巾上瀝乾，撒些許鹽。和番茄醬一起盛盤享用。

NOTICE
Mrs. Stone's Parents Visiting in Franklin
Little Chance For It.
Vitamin
SHERWIN-WILLIAMS

鄉村火腿鹽味捲餅

鹽味捲餅最好是剛出爐時趁熱吃。鬆軟的麵團包裹著鹹香火腿和牽絲乳酪，是配波本威士忌，或比利時啤酒的最佳下酒小點。我喜歡做成適口的小圓餅，但你也可以捲成蝴蝶型或辮子狀。可製作約50至60份小圓餅

PRETZEL BITES WITH COUNTRY HAM

食材

- 1又1/2小匙活性乾酵母
- 3大匙加1小匙紅糖
- 60毫升溫水（約攝氏40至46度之間）
- 240毫升溫全脂牛奶（約攝氏40至46度之間）
- 2又1/2杯中筋麵粉
- 1/2杯鄉村火腿細丁
- 1/4杯濃味巧達乳酪細丁
- 約960毫升熱水
- 4小匙蘇打粉
- 鹽味捲餅專用鹽（請見「食材採買一覽」第291頁）
- 2大匙去籽墨西哥青辣椒細丁
- 120毫升第戎芥末醬
- 1大匙蜂蜜（可省略）
- 4大匙無鹽奶油，融化

步驟

1 將酵母、1小匙紅糖和溫水放進杯子裡拌勻，靜置使酵母活化並發泡，約5至8分鐘。在另個杯子裡，混合剩餘的3大匙紅糖和溫牛奶，攪拌使糖溶解。

2 在裝有麵團勾的桌上型麵團攪拌機鋼盆裡放入麵粉、酵母和牛奶，低速攪拌約4分鐘，直到混勻。轉中速，持續攪拌，直到形成圓麵團，小心勿攪拌過度。

3 將麵團移放到大盆裡，以保鮮膜密封，置室溫溫暖處，發酵約2小時，直到漲成兩倍大。

4 麵團漲成兩倍大時，取出置於撒上手粉的工作枱面，均切為四等份。每份麵團整成圓球形。以最溫柔的力道，將2大匙鄉村火腿和1大匙巧達乳酪揉進每個麵團球裡，再將麵團揉成直徑約2公分的長條。以麵包刮刀或一把利刀，將麵團長條分切為約2.5公分厚的圓片，鋪排在無邊烤盤上。靜置麵團約半個小時。

5 以攝氏200度預熱烤箱。

6 將水和蘇打粉放進中型鍋具，加熱到接近微滾。用濾勺操作，以一次約五個小圓餅的量，放進熱水裡浸泡20秒，不多不少。立即撈起，以大約1公分出頭的間隔，排放在無邊烤盤上。

7 在麵團上撒鹽味捲餅專用鹽。入烤箱烘烤約8至12分鐘，或直到麵團膨鬆，色澤金黃。

8 取小碗，混合墨西哥青辣椒和第戎芥末醬，如果偏好甜一點，就加蜂蜜。置旁備用。

9 在烤好的椒鹽小圓餅上，塗刷融化奶油，趁熱上桌，與墨西哥青辣椒芥末醬一起享用。

釀酒師

如果你以為所有波本威士忌都一樣，那只要拿起一瓶凡溫克老爹（Pappy Van Winkle）就會懂——幾個世代累積的威士忌釀酒知識傳承，和對波本威士忌的純粹追求，可以造就出如此自成一格的品質。朱利安・凡・溫克（Julian Van Winkle）是這款炙手可熱的波本威士忌的幕後靈魂人物。我認識朱利安快十年，即便我讀過太多，甚至也寫過這傳奇酒款（且不小心已超額飲用）。每次和他聊，總能學到新東西。

「波本威士忌的顏色和大部分的風味，是威士忌酒液滲透進炙燒炭化的木桶，再深入酒桶的木質結構裡的緣故。這個過程通常發生在肯塔基酷熱的夏天。當天氣轉涼，酒液再次穿越炙燒炭化層，從桶板回流到橡木桶裡。絕大多數波本酒桶使用炙燒炭化的美國白橡樹，所以基本上別無二致。唯一不同的是，桶板可能因為出自樹木不同部位，釀造出風味略不同的威士忌。我們偏愛以樹心，而非邊材或原木外層的木料所製成的桶板，因為邊材會使威士忌渡上青澀生嫩的味道，這是絕對無法接受的。我們也可藉由將酒桶存放在不同倉庫，或同一倉庫的不同位置，調整威士忌風味。我們偏好空氣流動性佳，具有金屬外層的倉庫，比較能釀出最佳風味的酒。」

——朱利安・凡・溫克
凡溫克老爹波本威士忌
肯塔基州法蘭克福

BUTTERMILK & KARAOKE
酪乳與卡拉 OK

美國南方迷信——
千萬別在蛋糕還沒出爐
前，把蛋殼丟掉。

我的廚房裡永遠有音樂

根據不同時段，播放不同節奏的音樂。餐廳開門迎賓前，會來點喧鬧的快節奏以提振精神；更早一點，會混著播放經典重金屬和鄉村音樂；有些早晨，當廚房裡只有甜點主廚和我，我就會播放民謠歌曲，有時是海滋爾和愛麗絲（Hazel and Alice），有時候是約翰．普萊恩（John Prine）。我們在廚房裡做任何事都有其節奏，我可以從刀子在砧板上的穩定剁切，攪拌棒在盆子裡漸快地攪打，或是快炒時持續不斷的動作裡聽出來。

光聽著刀切的節奏聲，我就能判別廚師的廚藝，最好能平靜但穩定有力，就像吉莉安．威爾奇（Gillian Welch）的歌。我無時無刻不被音樂環繞著。夜晚時分，路易維爾變成一座舞台，我在城市裡穿梭尋找音樂，不管是藍草音樂節，聽麥可．克利夫蘭（Michael Cleveland）迅疾如閃電的小提琴彈奏，或是在音樂廳，跟著強尼．貝瑞（Johnny Berry）和局外人（The Outliers）的音樂起舞；或是去住家附近的街坊酒吧，聽泰隆．卡頓（Tyrone Cotton）將藍調和福音融入民謠。

食評家經常愛用音樂形容食物。料理會唱歌、食材像音符、風味一團和諧、BBQ很搖滾……比喻多不勝數。我喜歡隱喻，那總能表達出字面無法傳達的感受。當我說「我想像貓王一樣下廚」，我的意思不是要像貓王在廚房裡那樣做菜；我想表達的是，用貓王的人生態度下廚——大膽、不羈且充滿激情。最出色的廚師做菜總是有旋律，一碗好湯就像一首情歌。我品嘗過像交響樂般的餐點，也曾經有幾次吃過完美到令我產生一種，彷彿聽完無比震撼的音樂會現場之後，內心湧起了淡淡感傷。甜點就像一首聽來愉悅的歌，最棒的甜品能讓人忍不住跳起舞來。在搬到路易維爾之前，我極少做甜點。那時的我很嚴肅，總是憂心忡忡，導致無法單純地去做好玩、有意思的甜點。但南方餐食永遠會以愉悅作收（且通常伴隨再來一杯的承諾），很難不跟著會心一笑。快樂是會傳染的，這話或許常聽見，但確實花了我好一段時間才學會。那是把我從布魯克林的韓國公寓，帶到溫馨南方廚房的另一段旅程。其中的某處一定藏了一首鄉村歌曲。

認識我的人都知道，我熱愛卡拉OK。想像我穿著牛仔襯衫，五音不全地唱著卡拉OK，你就大概知道那情境。以前會覺得害羞，但不管有沒有好歌喉，引吭高歌的感覺實在令人興奮。史卡特・莫茲（Scott Mertz）是我的音樂人朋友，能一起來一杯並歡歌開唱。只要稍微暗示一下，他就會坐在我家餐廳裡，拿出他的復古吉他，撕心裂肺地彈唱著〈死亡之花〉（Dead FLowers）。他知道我是音癡，但還是會邀我合唱。他說，最重要的是熱情，而不是音準。我們總是一首接著一首。隨著波本下肚，我的歌聲開始變得好一些——至少我是這麼想啦！

第一次吃酪乳時，我一點也不喜歡那口感。

我可以用一整本書講複雜的甜點技藝，但那並無法說明為什麼我們會想吃甜點，以及想從甜點中得到什麼。我們想吃甜點因為它能讓人放聲高歌、綻放笑容。我發現許多愛下廚的人，對製作甜點感到膽怯。它的確得運用不同語彙，而且會需要更靜定，更有耐心一點。做甜點有點像唱卡拉OK，一開始覺得尷尬不自在，但一旦開始，就停不下來。自己可能唱得有點糟，但那又如何？只要繼續練習、堅持到底，然後有所學習成長。我們之所以做甜點，是預期會很美味，會讓整個氛圍洋溢歡愉。就算只是一道勉強過得去的甜點，也能讓人開心。這，就足以成為讓人不斷挑戰的理由了。

有時，當我在唱卡拉OK時會感覺自己一人處在擠滿人的房間裡，只有我和那段合成器處理過的旋律，和不斷躍動的反白歌詞。對其他人來說可能很好笑，但如果你曾看過一個亞洲商務人士搖擺著身體，對著麥克風滿腹柔情地唱出早已嫻熟的歌詞，雙眼緊閉，一顆淚珠還從臉頰慢慢滑落，嗯！那就是我說的感覺。我離布魯克林的故土愈來愈遠，離我的韓國祖籍更遠，卻愈是常懷想起兒時的家。我年歲漸長，卻覺得自己又逐漸變為那個穿著內衣褲，在電視前唱歌的韓國小孩。或許，我注定成為那個出生時命定的人；或許，那是花一輩子的時間，才學會珍惜。

第一次喝酪乳時，我一點也不喜歡那口感。我預期的是充滿奶香而不是酸的。後來才發現，原來得將酪乳和其他東西混合，才能突顯出它的出色。我對路易維爾也是這種感覺——激發出我最好的一面，給了我驚人的全新身分，但同時又讓我重新找到那個原來的自己。酪乳對我來說，屬於象徵性的食材，代表著快樂。所以我總是用酪乳製作甜點。當聽到甜點裡有酪乳時，人們老是發出「喔！」的聲音，他們肯定有屬於他們的酪乳回憶。在這一整章的所有甜點食譜裡，都使用了某種形式的酪乳。你當然可以用牛奶替代，但就會少了酸香元素。而且，我喜歡人們吃我的料理時，發出各種驚呼聲，想必你應該也是吧？

二〇一一年，我有機會在闊別二十年後回到韓國拜訪，那是個令人感到惴惴不安的經驗。我不確定自己會怎麼面對同鄉，也不確定他們會怎麼看我。首爾是一座充滿色彩、香氣和能量的美麗城市。我受到溫暖的歡迎，在那些陌生臉孔上看到自己，感覺非常奇妙。走在那些可能是我的曾祖父母也曾走過的街道，感覺像作夢一樣。我在同一條街上數次流淚，吃遍各種街頭餐車和戶外燒烤。我指著那些熟悉的菜餚，吸進那些發酵香氣，瞬間將我帶回祖先意識的嬰兒宇宙期。我大嗑蒜頭，高唱卡拉OK。在回路易維爾的飛機上，我坐在一個認出我的陌生人旁邊。我們聊了一會兒，發現有幾個共同朋友。飛機降落要分道揚鑣時，他跟我說：「歡迎回家！」那是多美好的話語，提醒我為什麼會選擇落腳這裡。

我在Wagner's Pharmacy吃午餐，點了熱煎波隆那香腸三明治和薯條，那家位在丘吉爾唐斯附近的小餐館，是馴馬師和騎師們會聚聊的地方。用餐環境舒服，食物也還不錯。甚至顧客們最後總能彼此聊將起來，女服務生既親切又不失主觀見解。它有自己的音樂調性，和我的餐廳截然不同，但無分軒輊地完美。那讓我終於明白，所謂的「家」並不只是你稱之為家的地方，而是要有一首熟悉的旋律，或是一個問候致意，或是一口食物等……讓人願意駐足欣賞周遭的事物。家是個令人感恩的地方，而美味的食物，是表達感謝的最佳方式。我們身上都帶有不少身分，身兼多重角色，要如何決定哪裡是「家」呢？我的廚房裡，只要換新櫥櫃裡的食材香料，就能周遊世界各地，而那些地方於我，都感覺像家。那正是廚房具有的變身魔力。我希望打開一扇窗，讓你能一探我的世界，且是個值得的邀請。

啊！收音機正在播放著Old Crow Medicine Show弦樂團的歌，我正想點一份雙倍打發鮮奶油的櫻桃派。

七味粉乳酪蛋糕
佐甜高粱糖漿

在我還小的時候，如果表現良好（這並不常發生），我有機會獲得布魯克林 Junior's 難得一嘗的乳酪蛋糕做為獎賞。一片差不多比我的頭還大。那真是記憶中的神奇時光，我猜我從那時到現在，一直在尋找那份乳酪蛋糕在情感上的連結。這則食譜是大人版的乳酪蛋糕，滿滿七味粉氣息。在鹹味食譜裡，我常用它來增添風味，但在這裡會給蛋糕強烈的酸辛味，有助平衡乳酪的濃郁。可搭配濃綠茶或印度奶茶。8 至 10 人份

TOGARASHI CHEESECAKE WITH SORGHUM

餅乾底

- 2杯薑餅碎
- 2又1/2大匙糖
- 5大匙無鹽奶油，融化

內餡

- 120克新鮮山羊乳酪，室溫
- 180克奶油乳酪，室溫
- 120毫升酪乳
- 1/2杯加2大匙糖
- 4顆大號雞蛋
- 1個檸檬擠下的皮屑和汁液
- 1小匙七味粉（請看筆記）

- 約1大匙甜高粱糖漿盤飾用

如果買不到七味粉，就以少許卡宴紅辣椒粉加一些芝麻籽替代。

步驟

1 以攝氏 175 度預熱烤箱。

2 製作餅乾底：將餅乾碎、糖和融化奶油放在中碗裡，以叉子攪拌，直到所有餅乾碎變得濕潤。將餅乾碎均衡地按壓進一個 9 英吋（約 23 公分）可脫底烤模。烤至香酥金黃，約 10 分鐘。完全放涼。將烤箱溫度降至 160 度。

3 製作內餡：在安裝上槳狀攪拌器的桌上型攪拌機鋼盆裡（或使用手持電動攪拌器），攪打山羊乳酪、奶油乳酪和酪乳，直到鬆發滑順，約 4 至 5 分鐘。慢慢加入糖，持續攪打至平滑，放入雞蛋，一次一顆，完全混合再加下一顆。打入檸檬汁和皮屑，接著混入 1/2 小匙七味粉，打勻。

4 將內餡倒入可脫底烤模裡。把剩餘的七味粉撒在內餡表面。以鋁箔紙包住烤盤，避免內餡外漏，將乳酪烤盤放進深烤盤裡，倒熱水進深烤盤，差不多到乳酪烤盤1/3的高度。

5 烘烤約 1 小時又 20 分鐘，或直到內餡稍微膨高。將乳酪烤盤從熱水浴裡取出，靜置放涼至室溫，再放入冰箱冰藏至少 2 小時（乳酪蛋糕以保鮮膜完全密封住，可以冷藏保存五天）。

6 享用前，以薄刀刀片沿著乳酪烤盤滑切一圈，分離外圈糕體。將乳酪蛋糕滑入大盤子上，淋上少許甜高粱糖漿，切片享用。

山羊乳酪

山羊乳酪之所以有種獨特的酸味和草本氣息，是拜山羊奶裡的脂肪酸，以及比牛更多樣化的飲食之賜。而山羊乳酪也比牛奶或綿羊乳酪更容易消化，甚至有些乳糖不耐的人，也能放心享用山羊乳酪。

我特別喜歡在需要用到大量乳酪，比如乳酪蛋糕之類的食譜，捨牛奶乳酪，換用山羊奶乳酪，取其輕盈、風味更強悍，而且蛋白質含量還更高。我很幸運，因為距離路易維爾差不多四十分鐘車程的印地安那州格林維爾，是全美最佳山羊乳酪產地之一。茱蒂・謝得（Judy Schad）在當地製作名聲響亮、表面熟成的卡普歐拉（Capriole）山羊乳酪超過二十五年。

她取名為蘇菲亞的乳酪帶有灰燼形成的大理石紋路，和皺褶的乳酸菌霉皮，精美細緻到，必須歸類於另個美味層次。她有一款「鱷魚的眼淚」乳酪則是手工捏塑，輕輕撒上薄薄一層紅椒粉，再熟成到適合一湯匙一湯匙慢慢享用的濃厚腴滑質地。當我想製作華麗至級的甜點時，會把七味粉乳酪蛋糕佐甜高粱糖漿那則食譜裡的乳酪，等量替換上茱蒂的某款表面熟成山羊乳酪。我會連皮帶裡整個完全攪打，最後的成品簡直超凡絕倫，將之稱為「乳酪蛋糕」根本是一種汙辱。我直白地叫它「卡普歐拉甜點」。

酪乳楓糖甜湯佐波本威士忌漬櫻桃

請用你能買到最優質的酪乳做這道甜湯，我都從肯塔基的柳樹山丘牧場（Willow Hills Farm）入手。可以的話，先從在地酪乳牧場找起。你得用頂級酪乳，因為這則食譜基本上，就是百分百的酪乳再加一點甜味而已。酪乳單純的風味加上波本威士忌的複雜底蘊，可是相得益彰。這道甜湯是鮮奶油和水果之陰與陽的永恆經典搭配。6 人份

CHILLED BUTTERMILK-MAPLE SOUP WITH BOURBON-SOAKED CHERRIES

食材

- 360毫升上好波本威士忌
- 120毫升加2大匙現擠橘子汁
- 3/4杯糖
- 1小匙香草精
- 240克新鮮櫻桃，去核
- 360毫升酪乳（請看小筆記）
- 5大匙純楓糖漿

步驟

1 將波本威士忌、60 毫升橘子汁、糖和香草精，放進中型鍋具，大火加熱至沸騰，滾煮約 6 分鐘。熄火，加入櫻桃。輕輕攪拌，靜置放涼到室溫；溫熱汁液可煮熟櫻桃，但不致使果肉軟爛。

2 將櫻桃連同汁液倒進碗裡，放冰箱冷藏至少 1 小時。

3 在此同時，將酪乳、楓糖漿和剩下的 6 大匙橘子汁，放進另一只碗裡，置冰箱冷藏至少 1 小時。

4 將酪乳分配在個別碗裡。舀幾顆櫻桃放於甜湯中心，淋上些許波本糖漿，冰涼享用。

> 如果買到的酪乳偏稀，可以加點法式酸奶油或酸奶以增加稠度。

酪乳阿芙佳朵

有時候反而是小東西會帶來大大的愉悅。吃完一頓豐盛的漫長餐點，沒什麼比一小杯阿芙佳朵——香草冰淇淋上淋有濃縮咖啡的傳統義大利甜點——更適合的了。路易斯安那州的傳統則是在咖啡裡加烤菊苣根。我這款酪乳冰淇淋輕爽酸香，兩者乃天作之合。最後會做出比這道食譜用量更多的冰淇淋，但你將會很開心冷凍庫裡有它待命的。4 人份

BUTTERMILK AFFOGATO

食材

- 4小勺酪乳冰淇淋（食譜在下方）
- 1小撮烤菊苣根粉（可省略）
- 4小杯義式濃縮咖啡

步驟

舀一勺冰淇淋放進小碗裡。想的話，就加一小撮烤菊苣根粉到熱咖啡。然後，淋一小杯濃縮咖啡到每個碗裡，立即享用。

酪乳冰淇淋

可製作大約 1 公升

食材

- 480毫升重乳脂鮮奶油
- 1杯糖
- 240毫升酪乳

步驟

1. 將鮮奶油和糖放進中型湯鍋裡，以中火加熱，持續攪拌直到糖溶解。倒到碗裡，靜置放涼至室溫。
2. 慢慢將酪乳倒入鮮奶油糖液裡，放冰箱冷藏至少 1 小時。
3. 根據製造商的指示，將酪乳鮮奶油混合液，放入冰淇淋機裡攪拌。再倒進適合的冷凍容器，冷凍備用。

菸草餅乾

菸草田占據肯塔基歷史中很大部分，甚至直到今日，還是可以在驅車穿越溫徹斯特時，看到大片生長的菸草葉。我知道沉迷於菸草非常不政治正確，可是我仍然覺得有其浪漫之處，於是，我烤製這些軟糯甜糊的餅乾，向這歷史上至關重要的作物致上敬意。烹煮過的椰絲可以模擬切碎的咀嚼菸草口感。然後，我也在麵團裡，加了一點菸草味，但如果不想在餅乾的最後一口，嘗到那撩人嗆辣，可以省略無妨。

趁餅乾還溫熱時，配一杯冰涼半半乳飲——亦即一半牛奶一半酪乳。想要試試大人版的牛奶配餅乾的話，就以這款餅乾和加了一小杯威士忌的溫牛奶共食。約可烤製 24 個餅乾

TOBACCO COOKIES

菸草椰絲

- 1杯甜椰絲
- 360毫升咖啡
- 180毫升可樂
- 2小匙糖蜜
- 2大匙糖
- 2大匙菸草水
  （食譜在隔頁，可省略不加）
  或2大匙水

步驟

1. 以攝氏 180 度預熱烤箱。在無邊烤盤鋪上烘焙紙。
2. 製作椰絲：取中型湯鍋，放入椰絲、咖啡、可樂、糖蜜、糖和菸草水。以大火加熱至沸騰，滾煮約 20 分鐘，直到液體全部煮乾，將椰絲移放到無邊烤盤上，放涼至室溫。
3. 製作餅乾：將麵粉、泡打粉和鹽放入小碗裡，以叉子混拌。用隔水加熱方式，融化巧克力和奶油。稍放涼。
4. 取另一只碗，混拌蛋、糖、酪乳、香草精和菸草水。倒入巧克力奶油混合液，再拌入麵粉乾料。

菸草絲務必取自優質雪茄。當攤開雪茄時，亦可保留一點菸草，切碎混進餅乾麵團裡。

步 驟

5 用湯匙將餅乾麵團一匙一匙地舀到已鋪好烘焙紙的烤盤上。餅乾之間需保留空隙，讓它們在烘烤時能夠自然膨展。

6 在每塊餅乾上灑一些步驟 2 製作的椰絲。放入烤箱烘烤 10 至 12 分鐘，直到餅乾表面微裂，但中心仍保持柔軟。取出後靜置約 3 分鐘，再用鍋鏟將餅乾移至網架上冷卻。亦可完全冷卻後，裝入密封容器中保存，最多可放一週。

餅乾

- 1又1/4杯中筋麵粉
- 1/4小匙泡打粉
- 1小撮鹽
- 420克苦甜巧克力，略切
- 2大匙無鹽奶油
- 2顆大號雞蛋
- 1/3杯糖
- 1大匙酪乳
- 1小匙香草精
- 2小匙菸草絲碎（請看筆記）

菸草水

可製作 720 毫升

食材

- 1根上好雪茄
- 720毫升溫水

步 驟

1 剝掉一半雪茄外皮，將紙捲裡的菸草絲大略分開，以溫水沖洗約 3 分鐘。

2 將 720 毫升的水，倒入小碗裡，浸泡菸草絲大約 10 分鐘。過濾菸草水，丟棄菸草絲。菸草水味道相當濃烈，帶有尼古丁的嗆辣。

陸奧蘋果天婦羅佐酪乳焦糖醬

當蘋果開始大陣仗出現在農夫市集時，於我而言，就是提醒秋天要來了。多汁的陸奧蘋果（又稱慕姿蘋果），是眾多品種中的出色選擇。油炸水果感覺有點褻瀆不敬，但這作法真的超美味：外香酥到掉渣，內裡暖甜濕潤。把蘋果切對；太薄，油炸後就失去脆口；太厚，熱度無法抵達中心。我通常切成果皮約大姆指寬的楔形片狀。也可以幫蘋果去皮，但我偏好不去。一點焦糖和一絲肉桂香，是這道令人上癮的甜點唯二所需。

蘋果必須一出油鍋，就立刻盛盤享用，而就算食客不多，建議還是製作食譜的原始分量，因為絕對會被一搶而空。我哥兒們葛雷．赫爾（Greg Hall）釀製了一款名叫紅斑紋的行家級蘋果酒，不用說，和這道炸蘋果簡直天生絕配。4至6人份

MUTSU APPLE TEMPURA WITH BUTTERMILK CARAMEL

焦糖醬

- 1杯糖
- 60毫升水
- 120毫升重乳脂鮮奶油
- 2大匙無鹽奶油，軟化
- 1又1/2大匙酪乳

- 720毫升玉米油，油炸用

步驟

1. 製作焦糖醬：取小湯鍋，放入糖和水，中火加熱，直到糖開始焦糖化，轉為深琥珀色澤，約10分鐘，拿起鍋子，前後晃動，幫助烹煮均勻，但不管在任何情況下，絕對避免攪拌焦糖。當焦糖顏色變深咖啡色時，熄火，靜置放涼3分鐘。
2. 倒入鮮奶油攪拌一番。放涼焦糖醬至接近室溫，再加入奶油和酪乳，完全混勻。倒進任一只容器裡，冰箱冷藏備用。
3. 取厚實鍋具，將玉米油加熱至約攝氏180度。
4. 於此同時，製作麵糊：將麵粉、玉米澱粉、糖和鹽，放進中碗裡混拌一番。倒入紅牛，攪拌均勻。

5 用一支叉子或牙籤，分數批一一將蘋果片沾裹上麵糊，小心放入熱油裡，炸約 45 秒到 1 分鐘，直到麵衣香酥，蘋果剛剛好熱透。用漏勺或濾網，從熱油裡撈出蘋果，置於紙巾上瀝油。

6 盛於小盤上，撒上一點糖粉，和薄薄一層肉桂粉，再淋上焦糖醬，立即享用。

油炸新一批蘋果天婦羅前，請先將油裡的碎麵糊撈出，此舉可避免油燒焦，很重要。務必全神地關注油溫，盡最大可能在油炸時間內，將溫度維持在約攝氏180度上下。

天婦羅麵糊

- 1杯中筋麵粉
- 1/3杯玉米澱粉
- 1大匙糖
- 1小撮猶太鹽
- 300毫升紅牛

- 2顆陸奧蘋果，去核切成約1公分出頭厚度的楔形瓣狀
- 糖粉，最後撒上
- 肉桂粉，最後撒上

桃子大黃德式蛋糕

我住的這一帶肯塔基，深受德國影響。儘管多數老鄉村料理已從地區性的食品通路消失，但仍能找到幾家販賣德式風格的蛋糕，或德式蛋糕（kuchen）的烘焙店。Kuchen在德文裡就是「蛋糕」的意思，所以有眾多作法。這則食譜有著令人匪夷所思的輕盈，卻又紮實。我總在初夏桃子和大黃同時盛產時，製作這款糕點。搭配義大利阿斯蒂產區的莫斯卡托微甜汽泡酒（Moscato d'asti），等著聽你的食客們歡聲尖叫吧！6至8人份

PEACH AND RHUBARB KUCHEN

德式蛋糕

- 6大匙無鹽奶油，軟化
  另外多備塗抹烤盤用
- 1又1/2杯中筋麵粉
- 1小匙泡打粉
- 1/4小匙鹽
- 90克奶油乳酪，室溫
- 3/4杯糖
- 1小匙香草精
- 2顆大號雞蛋
- 120毫升酪乳
- 2顆桃子
  去皮去核，切成楔形瓣
- 120克大黃，修裁後切成
  約1公分出頭的小段
  （約3/4杯）

添料

- 1/2杯開心果
- 1/4杯糖
- 2大匙無鹽奶油，切成小丁塊
- 打發酪乳（食譜在次頁）

步驟

1. 以攝氏190度預熱烤箱。取一個9×13英吋（約23×33公分）的烤盤，在底部和內側各邊抹上軟化的奶油。

2. 製作德式蛋糕：取小碗放入麵粉、泡打粉和鹽，以叉子攪拌均勻。

3. 在安裝上槳狀攪拌器的桌上型攪拌機鋼盆裡（或使用手持電動攪拌器），放入奶油、奶油乳酪和糖，以中高速攪打約2分鐘，或是直到質地滑順軟腴。加入雞蛋和酪乳，攪拌到均勻混合，約2至3分鐘。慢慢加入粉料，混拌成平滑麵糊，必要時暫停，以橡皮刮刀刮下鋼盆上的沾黏。

4. 將麵糊倒入烤盤裡，將桃子和大黃鋪在麵糊上，一一稍微往下按壓。再把開心果碎片和糖撒於水果上，再隨機放上些許奶油小丁。

5. 烘烤約50至60分鐘，或是直到牙籤插入蛋糕中間部位，取出時無任何沾黏，且蛋糕表面呈金黃色澤。將蛋糕從烤箱取出，先放涼數分鐘再分切，配上打發酪乳，趁溫熱享用。如果有剩餘，以保鮮膜封妥，置冰箱冷藏可保存數日。

打發酪乳 可製作 2 又 1/2 杯

食材

- 1杯重乳脂鮮奶油
- 6大匙酪乳
- 3大匙糖粉

步驟

取一只大盆，加入鮮奶油、酪乳和糖粉，以電動攪拌器打至硬性發泡，冰箱冷藏備用。

西洋棋派佐焦香鳳梨莎莎醬

大概可以這麼說，西洋棋派這名字的由來，有多少版本，就有多少西洋棋派的作法。有個民間傳說的版本是來自一個傳統習慣：人們在下午製作後放在盒子（chest）裡，直到當天稍晚才食用，經過時間推移，盒子（chest）這個字，不知不覺演變成西洋棋（chess）。西洋棋派濃郁又甜死人不償命。我配上以些許花生油煎香的鳳梨拉抬，吃來輕盈明亮。有人可能會認為，鳳梨莎莎醬憑什麼在經典南方點心裡摻一腳？不管乍聽之下對這個組合有多突兀，但還真的是絕配呢。

CHESS PIE WITH BLACKENED PINEAPPLE SALSA

鳳梨莎莎醬

- 約80毫升花生油
- 1顆鳳梨，去皮去芯，切成約1公分厚的薄圓片
- 2顆萊姆磨下的皮屑和擠出的汁液
- 1大匙黑蘭姆酒
- 3大匙淡紅糖

麵團

- 2又3/4杯中筋麵粉
- 3大匙糖
- 1又1/2小匙鹽
- 8大匙（1條）無鹽奶油切成小丁塊，冷藏
- 1/4杯酥油
- 4至6大匙冰水

步驟

1 製作鳳梨莎莎醬：取厚實大煎鍋，以大火加熱2小匙花生油，放進2至3片鳳梨片，煎至兩面焦香，每面約3分鐘。放到紙巾上稍瀝油，再移放到砧板。重複同樣步驟，直到處理完所有鳳梨片，必要時適度添油。

2 把焦香鳳梨片切成小丁塊，放進小碗裡，再混進萊姆皮屑和汁液、蘭姆酒和紅糖，密封放冰箱冷藏備用。

3 製作麵團：將麵粉、糖和鹽，放入食物調理機，按暫停鍵幾次，將乾料拌勻，加入奶油和酥油，再按暫停鍵約10至12次，直到混合物呈現碎塊狀，散放其間的奶油，差不多是甜豆仁顆粒大小。一次1大匙，加入冰水，按暫停鍵直到混合物逐漸黏合，當麵粉奶油混料形成圓球狀時，立即停止混合動作。

4 取出麵團，均分成兩等份，整成圓碟狀，以保鮮膜包裹住，放入冰箱冷藏至少1小時。

5 將兩個9英吋（約23公分）派盤，放入冰箱冷藏30分鐘。

6 先取出一個圓碟麵團，置於一撒上手粉的工作枱面。以一根擀麵棍，將麵碟擀成直徑約30公分的大圓片，時不時拿起麵團片，轉個1/4圈，必要時，在工作枱面上撒更多手粉。拿起麵團片，放

到冷藏派盤上，輕輕往盤底和盤緣壓。用廚房剪刀或刀子，將懸垂在派盤邊緣的多餘麵團修除。以同樣方式，處理另一個派碟。將兩個處理好的派皮，放入冰箱冷藏30分鐘。

7 將烤箱裡其中一只烤架居中放置，以攝氏180度預熱烤箱。

8 製作內餡：取中碗，將所有食材攪拌均勻。將內餡倒入派皮，填滿約3/4的量。烘烤約30至35分鐘，直到以一根牙籤插入派芯，取出時應該幾乎無沾黏，派餡表面形成薄酥皮層。置烤架放涼。派可以室溫享用，或者趁溫熱開動更佳。一旦完全放涼，可將酥派包妥後，存放在乾燥陰涼的地方（譬如盒子或碗櫃裡）一天。

9 盛盤時，將每個派分切成六塊，放到盤子上，舀上鳳梨莎莎醬即可。

派餡

- 6顆大號雞蛋
- 3顆大號雞蛋蛋黃
- 3杯糖
- 6大匙無鹽奶油，融化
- 5大匙細玉米粉
- 240毫升酪乳
- 1大匙蒸餾白醋
- 1小匙鹽
- 1大匙香草精
- 1小匙肉豆蔻粉

威士忌薑香蛋糕佐梨子沙拉

我的甜點廚師鄰居麗雅・史都華（Leah Stewart）為了威士忌品牌傑克丹尼（Jack Daniel）在路易維爾的晚宴，設計了這款蛋糕。我真在太愛了，於是直接「借用」。嘿！這還好吧！誰沒做過拿現成食譜微調成自己版本這種事？大多數以威士忌調味的甜點，對我來說都太厚重而甜膩。我想保留威士忌風味，但以一種精緻高貴的形式表現。我們反覆調整，直到這款才滿意。在傳統薑香蛋糕裡加上新鮮梨子，賦予現代感。

不妨在一頓重要晚宴最後，端上這道優雅的甜點，配一杯優質威士忌，或是像新古典雞尾酒（請看第243頁）般的調酒。約10人份

WHISKEY-GINGER CAKE WITH PEAR SALAD

蛋糕

- 120毫升風味中性油脂如葡萄籽油或芥花油
- 10大匙（1又1/4條）無鹽奶油，軟化
- 2又2/3杯淡紅糖
- 4顆大號雞蛋
- 1大匙鮮磨薑泥（microplane刨器可代勞）
- 360毫升酪乳
- 120毫升無糖椰奶
- 4又1/3杯低筋麵粉，過篩
- 2又1/2小匙蘇打粉
- 1又1/2小匙薑粉

步驟

1. 將烤箱裡其中一個烤架置中，以攝氏160度預熱。取兩個8英吋（約20公分）圓烤盤，抹上薄油。
2. 製作蛋糕：在安裝上槳狀攪拌器的桌上型攪拌機鋼盆裡，攪打油、奶油和紅糖，約3分鐘。接著一次加一顆蛋，混打均勻後，再加下一顆。接著加入薑泥，攪打至均勻滑順，約2分鐘。時不時以橡皮刮刀將鋼盆內的沾黏刮下。
3. 將酪乳和椰奶放入小碗裡。取另一只大盆，混拌低筋麵粉、蘇打粉和薑粉。
4. 將酪乳混合液與粉料，輪流慢慢地，一次一小批，將兩者分次加進鋼盆裡的奶油蛋糊中，以中低速攪拌，直到完全混勻。
5. 將麵糊倒入備好的烤盤，烤約45分鐘，或直到牙籤插入蛋糕中央區塊，取出時無沾黏。靜置放涼10分鐘，將蛋糕取出烤盤，置於烤架直到完全放涼。

奶油霜

- 340克（約3條）
  無鹽奶油，軟化
- 120克奶油乳酪，室溫
- 60毫升優質威士忌
- 1小匙香草精
- 900克糖粉

裝飾

- 1顆安琪兒西洋梨
- 1顆萊姆磨下的皮屑
  和擠出的汁液
- 無噴灑農藥琉璃苣花
  （可省略）

6 製作奶油霜：在安裝槳狀攪拌器的桌上型攪拌機鋼盆裡，以中速攪打奶油和鮮奶油起司，直到滑順，約2分鐘。加進威士忌和香草精，續攪拌直到滑順，攪拌器轉低速，慢慢加入糖粉，一次少許，攪拌直到均勻。放室溫備用。

7 組合蛋糕，將一塊蛋糕放在蛋糕架或大盤子上。以小號奶油抹刀，在蛋糕周圍和上層抹上一薄層奶油霜。疊放上另一圓片蛋糕，將剩餘的奶油霜，塗抹在圓形糕體外層和上方。將圓形周邊奶油霜抹平，但不必追求完美（自家製蛋糕有點歪斜在所難免，而且吃來更有趣味）。

8 盛盤上桌前，去掉梨子內核，切圓薄片後，再切成細長火柴棒狀，拌入萊姆皮屑和汁液。在蛋糕最上方飾以梨子，想要的話，再配上幾朵琉璃苣花。切片共享。剩餘蛋糕包裹妥當，放冰箱冷藏，可保持軟潤約三天。

酪乳

酪乳有兩種形式。最早的酪乳是為了取得奶油時，攪打鮮奶油所產生的液體副產品：乳清。乳白色澤，味酸，通常做為飲品飲用，或運用於各種食譜裡。現在市面上販售的發酵酪乳，是將乳酸菌加入低脂牛奶裡所發酵而成。比起傳統酪乳更酸且濃稠。

如果能入手未經巴氏殺菌的生乳，只要讓它在溫暖陰暗的環境裡靜置幾天，稍微發酵，就能製作出風味極佳的酪乳。但大多數市售牛奶，都採行了巴氏殺菌，也就是高溫殺菌消毒，這步驟也同時把生乳裡對人體有益的酵素全數消滅。如果可能，盡量從在地酪農購買酪乳，就算同樣經過高溫殺菌，卻可是相對健康乳牛的乳品，質地更濃醇酸香，更有益健康。酪乳酸度高，富含蛋白質，雖然英文的buttermilk裡有奶油字眼，其實乳脂含量低。非常適合用於烘焙，不僅能增添酸香風味，當和膨鬆劑混合時，足以讓比司吉、鬆餅、蛋糕、派餡或餅乾等各種成品最後的口感更加濕潤鬆軟。

備註：這章所有酪乳食譜，為了確保一致性，全數使用經過巴氏殺菌的發酵酪乳製作。

甜蜜湯匙麵包舒芙蕾

SWEET SPOONBREAD SOUFFLÉ

舒芙蕾是有點難纏的小怪物，似乎總是毫無節奏或理由的膨起或塌陷。這個版本結合了湯匙麵包原有的卡士達內餡，和傳統法式舒芙蕾的蛋白霜，所以難度小一些。而且糕體稍微厚實，但出爐即塌陷的本質不改，所以務必盡快上桌享用。我喜歡在玉米盛產且甜美的夏季，製作這道點心。撒上糖粉，再淋些焦糖醬配食。6至8人份

備烤模

- 4大匙無鹽奶油，軟化
- 1/2杯糖

舒芙蕾

- 1杯黃色粗玉米粉
- 240毫升酪乳
- 4大匙無鹽奶油
- 2杯玉米粒（約三根玉米）
- 480毫升全脂牛奶
- 1/2杯加2大匙糖
- 1小匙香草精
- 1/2小匙肉桂粉
- 1小撮猶太鹽
- 5顆大號雞蛋分離蛋黃與蛋白
- 糖粉，裝飾用

步驟

1 以攝氏200度預熱烤箱。將六至八個約120至150毫升的舒芙蕾烤模（沒選擇時，可入烤箱的咖啡杯亦能支援），抹上厚奶油。放一大撮糖到抹上奶油的烤模底部，然後前後左右晃動，使糖平均分布於烤模底部和內裡各處。略敲杯子使多餘的糖脫落，倒入下一個烤模裡，同樣使其平均沾黏於烤模內部。以上述方式處理完所有烤模，視情況加糖。將烤模放入冰箱冷藏備用。

2 製作舒芙蕾：取中碗混拌粗玉米粉和酪乳。置旁備用。

3 取大煎鍋，以中大火融化奶油，放入玉米粒，拌炒約4至5分鐘，直到玉米軟甜。倒人牛奶、2大匙糖、香草精、肉桂和鹽，加熱至微滾，小火滾煮約5分鐘。

4 將玉米混合料倒入果汁機，高速攪打成泥。倒入碗裡，伴入粗玉米粉酪乳混合物，靜置放涼至室溫。

5 將蛋黃拌入放涼的玉米混料。

6 在安裝打蛋器的桌上型攪拌機鋼盆裡（或使用手持電動攪拌器），打發蛋白直到軟性發泡，慢慢加入剩餘1/2杯糖，持續攪打直到硬性發泡狀態，這裡的蛋白霜即大功告成。將蛋白霜溫柔翻拌入玉米酪乳蛋黃混料。如果沒有完全拌至均勻滑順也不打緊，穿插幾絲蛋白痕跡無大礙。

7 將麵糊舀入準備好的烤模裡，填到幾乎全滿。將烤模放在一只無邊烤盤上，烘烤約35分鐘，或直到上層膨起並染上金黃色澤。撒上糖粉，立即享用。

玉米麵包
甜高粱糖漿奶昔
（或「早餐時飲用」）

這其實根本算不上甜點，有點像是一則沒有計量或規則的食譜，快速隨興。有個朋友跟我說，這是美國南方的特色。我必須親自試試才行。然後呢！天啊！也太美味！添加的玉米麵包，必須是隔夜且質地乾燥易碎。我建議使用酪乳冰淇淋，但我也用過草莓，甚至咖啡冰淇淋製作。適合漫長一夜之後的隔日早晨飲用。2至4人份，視飢餓程度而定

CORNBREAD-SORGHUM MILKSHAKE (OR, "BREAKFAST")

食材

- 2大勺酪乳冰淇淋（請看第270頁）或其他冰淇淋
- 1把剩餘義大利豬油膏玉米麵包（請看第220頁）碎塊
- 2大匙高粱糖漿

步驟

將冰淇淋和玉米麵包放進果汁機，以暫停鍵略攪打，倒入甜高粱糖漿，再按暫停鍵幾次。以大馬克杯或梅森玻璃杯盛裝。

試做幾次以掌握喜歡的甜度，如果想甜一點，只要多下點甜高粱糖漿即可。

甜高粱糖漿

甜高粱糖漿來自甜高粱這種植物，看起來神似修長的甘蔗。和廣泛用於動物飼料到酒精製作的穀物高粱不同。和甘蔗一樣，甜高粱也是把莖桿放入兩個巨大滾輪榨壓汁液，之後再慢慢熬煮，直到變成濃稠的琥珀色糖漿，放涼後裝瓶。顏色來說，介於蜂蜜和楓糖漿之間，但不同等級和品種會有細微的差異。

肯塔基的農夫們，種植甜高粱已經好幾世代。丹尼．瑞．湯森（Danny Ray Townsend）在高粱農民中宛如搖滾巨星，曾兩次獲得「全美甜高粱生產與加工協會」的全國冠軍。他的農田位在肯塔基溫徹斯特附近，剛好也是我最愛的嚼菸產地。我最近和麥特．傑米（Matt Jamie）一起開車去拜訪丹尼。麥特將丹尼出品的甜高粱糖漿，在他經營的「波本桶食品」品牌（請看「食材採買一覽」，第281頁）販售。丹尼．瑞當場削下一根甜高粱桿，指出哪個部分榨出的汁液最甜。也帶我們參觀老式熬糖爐，和為了提醒大家古早時期是如何農耕而養著的騾子。聽他充滿熱情，滔滔談著家族世代全心投入種植的冷門作物，本身就是一堂關於堅持和奉獻的課。從鬆餅、茶到奶昔，我在各種食譜裡使用丹尼的甜高粱糖漿。只要有像丹尼．瑞這樣的人持續種植甜高粱，我就會繼續暢飲甜高粱糖漿。

椰子米布丁烤布蕾

我在紐約工作過的小餐館，米布丁是人氣甜點。但那些布丁實在令人不敢恭維——質地厚重黏糊，唯一的救續是撒在上頭，每次我不小心吸進一點，就害我狂咳的肉桂粉。但我從沒放棄過米布丁。我的版本比較富有異國情調，而上層的焦糖讓它顯得高雅。椰奶比牛奶的油脂含量更高一點，所以，我通常會用裝飾性的迷你杯皿烘烤。這款濃郁的甜點，和琳德曼（Lindemans）出品的覆盆子啤酒（Framboise Lambic）是絕配。約 6 人份

COCONUT RICE PUDDING BRÛLÉE

米布丁

- 1/2杯長梗白米（請看筆記）
- 600毫升全脂牛奶
- 120毫升重乳脂鮮奶油
- 540毫升無糖椰奶
- 1個香草莢，切開
- 1顆八角
- 1杯糖
- 120毫升酪乳
- 2大匙紅糖

裝飾

- 18顆覆盆子
- 新鮮羅勒葉

步驟

1. 製作米布丁：將米、牛奶、鮮奶油、椰奶、香草莢、八角和糖，放進厚實鍋具裡，小火加熱至微滾，滾煮約 55 至 70 分鐘，時不時攪拌，直到米粒軟化。倒入碗裡，靜置放涼到室溫約 1 小時，放涼的過程也會變濃稠。

2. 取出香草莢和八角。倒入酪乳，以木匙輕輕攪拌。將米布丁分配到六個4英吋（直徑約 10 公分）的小杯皿裡，置冰箱冷藏至少 2 小時，至多隔夜。

3. 盛盤前，舀 1 小匙紅糖，均勻撒在每杯米布丁表面。以噴槍加熱糖粒，直到變成深琥珀色。略放涼，直到焦糖硬化。

4. 每杯米布丁以 3 顆覆盆子和幾片羅勒葉裝飾（如果不立即享用，焦糖會因為吸收濕氣而開始變軟）。

我用壽司米製作這道料理，歡迎使用義大利短米，但可能需要滾煮久一點。

你也可以使用烤箱的炙烤上火功能製作布蕾焦糖。將烤皿放在無邊烤盤上，撒上糖粒，將烤皿直接放在炙烤上火的火力之下。請全程關注，因為糖很容易燒焦。對多數的炙烤上火設定來說，我發現每40秒必須轉換烤盤方位，這個方式會耗時一些，但焦糖比較均勻，也可避免燒焦。

音樂人

強尼·貝瑞（Johnny Berry）真實生活裡是鄉村酒吧音樂人。他和他的樂團局外人在全美舞台上熱力四射地表演，以他的福音歌曲，帶領聽眾回到那個鄉村音樂還不那麼浮誇，更偏向真實勇敢的年代。他的現場演出，像是一場讓人忍不住想站起來隨之起舞的快節奏旋律，和歌詞組合而成的馬拉松。某一晚，我們閒聊到深夜，討論著在路易維爾，哪裡能買到質感極好的襯衫（答案是：Leatherhead），以及哪裡有好喝的啤酒（答案是：Holy Grale酒吧）。然後發現他對做菜有多熱愛。他愛下廚的程度，等同於我對音樂的癡狂。當我們有機會碰面時，總是能共度一段美好時光。

「對我來說，寫歌和做菜根本上一樣——都是想捕捉某個瞬間。老天！當我看向窗外，發現有熟透的番茄時，我就把它們放到戶外烤架上，慢慢烤一段長長的時間，直到風味完全濃縮，多餘水分徹底蒸發，只剩下最純粹的精華。這和寫歌沒什麼兩樣，我可能被生活裡發生的任何一個事件所啟發；可能在開車的路上看到某個東西，然後被靈感擊中，想法與歌詞泉湧而來。然後，我就是把這些材料像做菜一樣，慢火熬煮到滋味俱足，去蕪存菁就對了。」

——強尼·貝瑞

強尼·貝瑞及局外人樂團主唱

食材採買一覽

我的食材櫃裡包羅萬象，有些你可能不容易取得——沒有什麼比當找到一則想嘗試的食譜，卻發現有食材在居住方圓買不到，那種感覺更糟的了，這心情我懂。我的食譜使用大量韓國食材，但有一個品項完全沒出場，那就是韓國人氣辣醬苦椒醬。有些人可能會覺得排除在外有點奇怪，但除非你家附近有道地的韓國超市，不然這辣醬並不容易入手（再者，它通常被當做醬料使用，而我的食譜設計以使用辣椒堆疊風味元素為主，而不只是做為蘸醬）。其餘食材請參考以下清單，千萬別低估網路的威力。

培根

BENTON'S SMOKY MOUNTAIN COUNTRY HAMS
2603 Highway 411 North
Madisonville, TN 37354-6356
Tel: 423-442-5003
www.bentonscountryhams2.com

苦精

費兄弟香橙苦精
（FEE BROTHERS' ORANGE BITTERS）

FEE BROTHERS
453 Portland Avenue
Rochester, NY 14605
Tel: 800-961-3337／585-544-9530
www.feebrothers.com

雷根香橙苦精
（REGAN'S ORANGE BITTERS）

BUFFALO TRACE DISTILLERY
113 Great Buffalo Trace
Frankfort, KY 40601
Tel: 800-654-8471／502-696-5926

鑄鐵鍋具

LODGE MANUFACTURING COMPANY
Tel: 423-837-7181
www.lodgemfg.com

乳酪

山羊乳酪

卡普歐拉山羊乳酪（CAPRIOLE GOAT CHEESE）
10329 New Cut Road
Greenville, IN 47124
Tel: 812-923-9408
www.capriolegoatcheese.com

綿羊乳酪

EVERONA DAIRY
23246 Clarks Mountain Road
Rapidan, VA 22733
Tel: 540-854-4159
www.facebook.com/EveronaCheese/

魚露

紅船魚露（RED BOAT FISH SAUCE）
Tel: 925-858-0508
www.redboatfishsauce.com

玉米粗糠

安森磨坊（ANSON MILLS）
1922-C Gervais Street
Columbia, SC 29201
Tel: 803-467-4122
www.ansonmills.com

火腿

BROWNING'S COUNTRY HAM
475 Sherman Newton Road
Dry Ridge, KY 41035
Tel: 859-948-4426
www.browningscountryham.com

紐森中校肯塔基陳年火腿（COL. BILL NEWSOM 'S AGED KENTUCKY COUNTRY HAM）
Newsom's Old Mill Store
208 East Main Street
Princeton, KY 42445
Tel: 270-365-2482
www.newsomscountryham.com

D'ARTAGNAN
販售塔索火腿（tasso ham）
Tel: 800-327-8246
www.dartagnan.com

FATHER'S COUNTRY HAM（歇業中）
6313 KY 81
Bremen, KY 42325
Tel: 270-525-3554
www.fatherscountryhams.com

FINCHVILLE FARMS（歇業中）
5157 Taylorsville Road
Finchville, KY 40022
Tel: 800-678-1521／502-834-7952
www.finchvillefarms.com

THE HONEYBAKED HAM COMPANY
全美超過四百家實體門市
Tel: 866-492-4267
www.honeybaked.com/home

PENN'S HAMS
肯塔基州精緻食材店有售或可郵購下單
P.O. Box 88
Mannsville, KY 42758
Tel: 800-883-6984／270-465-5065

SCOTT HAMS（歇業中）
1301 Scott Road
Greenville, KY 42345
Tel: 800-318-1353／270-338-3402
www.scotthams.com

楓糖糖漿

BLIS BOURBON BARREL MATURED PURE MAPLE SYRUP
www.blisgourmet.com
Sur La Table: www.surlatable.com
Williams-Sonoma: www.williams-sonoma.com

美乃滋

杜克（DUKE'S）
Tel: 800-688-5676
www.dukesmayo.com

牡蠣

拉帕漢諾克河牡蠣公司（RAPPAHANNOCK RIVER OYSTERS, LLC）
Tel: 804-204-1709
www.rroysters.com

PRETZEL SALT 鹽味捲餅專用鹽

www.nuts.com

米

卡羅萊納紅米（CAROLINA RICE）
Tel: 800-226-9522
www.carolinarice.com
大多數超市有售，或可在官網、
其他網路商店購買大包裝

KOKUHO ROSE RICE
KODA FARMS
22540 Russell Avenue
South Dos Palos, CA 93665
Tel: 209-392-2191
www.kodafarms.com

甜高粱糖漿

BOURBON BARREL PURE CANE SWEETSORGHUM

波本桶食品公司（BOURBON BARREL FOODS）

Tel: 502-333-6103

www.bourbonbarrelfoods.com

醬油

藍草醬油（BLUEGRASS SOY SAUCE）

波本桶食品公司（BOURBON BARREL FOODS）

Tel: 502-333-6103

www.bourbonbarrelfoods.com

匙吻鱘魚子醬

SHUCKMAN'S FISH CO. & SMOKERY

3001 West Main Street

Louisville, KY 40212

Tel: 502-775-6487

www.kysmokedfish.com

TAMICON 羅望子濃縮醬

大多數印度市場皆有販售

其他好物

佛雷德．普羅文札（Fred Provenza）教授的 DVD

Western Folklife Center: www.westernfolklife.org/vmchk/Foraging-Behavior-by-Dr.-Frederick-D.-Provenza-DVD/fl ypage_wfc.tpl.html（已無販售）

LE CREUSET 荷蘭鑄鐵鍋

各大百貨商場皆可購買

南方糧食聯盟（SOUTHERN FOODWAYS ALLIANCE）

www.southernfoodways.org

致謝

有太多人的協助讓這本書得以付梓，由衷地感謝你們每一位！

致法蘭辛，她是弱勢者的捍衛者。

致安・布藍森，歡迎我加入她備受敬重的Artisan出版大家庭。

致茱蒂・普雷，謝謝她的精準及無止境的辛勞，讓我們多吃些豬腳吧！

致金・威瑟絲朋，感謝她的智慧和誠實，也謝謝瑪麗亞居中牽線。

致葛蘭，感謝他的才華和耐心、加油打氣和銳博波本威士忌。

致迪米特，感謝她毫無倦怠的奉獻和幽默感；克萊長存我心！

致邁克・安德森，用鏡頭捕捉「我心目中」的肯塔基。

致達拉，感謝刊登我的第一篇文章。

致狄恩，謝謝他經過深思熟慮的意見，並提醒我為何葉慈至今仍然深具意義。

致瑪麗・W，謝謝妳把我當成搖滾巨星般對待（雖然我不是）。

致艾迪與莎朗，在沒有人相信我時，謝謝你們對我的信心。

致布魯克，謝謝他無止盡的支持和數不清的紅酒；

致我安住天堂的祖母。

致我的父母，謝謝他們自童年起的栽培。

致我姊姊茱莉，因為她讓成長的每一天都像是一場冒險。

致賈斯汀和蘿拉，你們實在太棒了！

致我的團隊：尼克、凱文和柯萊，謝謝你們對細節的追求，讓每次的服務成功圓滿。

致敏蒂、羅伯和610的每一位，再多感謝都不夠表達，我永遠虧欠你們。

致凱・鍾和蘇珊・阮，感謝他們不厭其煩地測試食譜和絕佳的幽默感。

致所有邀請我踏入他們南方廚房才華洋溢的主廚們

致約翰・T，感謝你讓我們聚在一起。

致路易維爾，謝謝你收留我。

致曾在我的餐廳用過餐的每一位客人。

致每一次我曾與之舉杯共飲的人。

最後，致我的妻子黛安，教會我愛是寬廣無限的。

索引 此索引以中文筆畫順序排列

Buttermilk
KIMCHI
LEMON